THE STORY OF
NEUROSCIENCE

万物有识

从脑认知到思维风暴，
神经科学趣史

〔英〕安妮·鲁尼／著

关志远／译

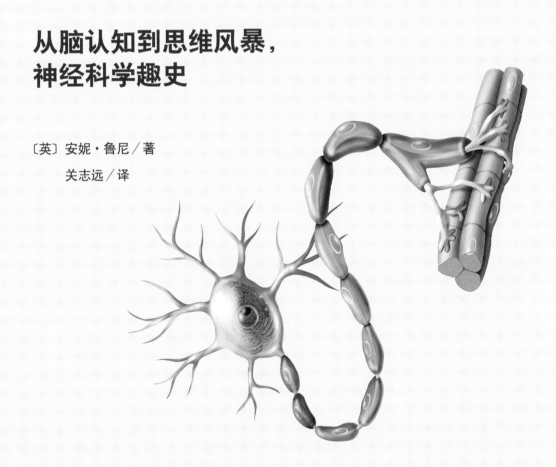

中国妇女出版社

图书在版编目（CIP）数据

万物有识：从脑认知到思维风暴，神经科学趣史 ／
（英）安妮·鲁尼（Anne Rooney）著；关志远译. －－ 北
京：中国妇女出版社，2019.7
书名原文：The Story of Neuroscience
ISBN 978-7-5127-1732-9

Ⅰ.①万… Ⅱ.①安… ②关… Ⅲ.①神经科学－历
史－普及读物 Ⅳ.①Q189-09

中国版本图书馆CIP数据核字（2019）第076749号

Original Title: The Story of Neuroscience
Copyright © Arcturus Holdings Limited
www.arcturuspublishing.com
The simplified Chinese translation rights arranged through Rightol Media
(本书中文简体版权经由锐拓传媒取得 Email: copyright@rightol.com，
归中国妇女出版社有限公司所有)

著作权合同登记号 图字：01-2019-0898

万物有识——从脑认知到思维风暴，神经科学趣史

作 者：〔英〕安妮·鲁尼 著 关志远 译
责任编辑：李一之
封面设计：季晨设计工作室
责任印制：王卫东
出版发行：中国妇女出版社
地 址：北京市东城区史家胡同甲24号 邮政编码：100010
电 话：（010）65133160（发行部） 65133161（邮购）
网 址：www.womenbooks.cn
法律顾问：北京市道可特律师事务所
经 销：各地新华书店
印 刷：北京中科印刷有限公司
开 本：170×240 1/16
印 张：15.25
字 数：300千字
版 次：2019年7月第1版
印 次：2019年7月第1次
书 号：ISBN 978-7-5127-1732-9
定 价：69.80元

导言：意识和身体

假如人类的头脑非常简单，能让我们轻而易举弄懂的话，那么我们人类自身也就变得无比简单，以至于无法弄懂自己了。

——艾默生·普，1938年

在你阅读本书的时候，你的脑就在努力工作着。脑不仅处理着你阅读到的信息，而且将你眼睛所看到的内容转化成信息，并且形成记忆。脑指挥着你的手指翻动书页，让你的视线跟着行文移动。之后如果有人问你读到了什么，脑还会让你理解被问的问题并做出回答。一直以来，都是脑和神经系统控制着我们的心脏、呼吸和消化系统。如果有麻烦事发生——例如，火警响起，或者你被马蜂蜇了一下——都会引发众多相应的反应。由神经系统（脑、脊髓和神经）所支配的整个控制机制，便是神经科学研究的主题。

神经科学真正成为"科学"只是最近几百年的事情，但我们的神经科学趣史却是从史前时代开始讲起的。从细胞和分子层面神经元（神经细胞）活动的研究，到整个神经系统如何工作，从而产生运动、感觉和认知，都是本书涵盖的范围。

神经科学要

解决的核心问题其实极其复杂：脑和神经以某种方式，通过物理和化学的作用，产生诸如意识、思维、想象、记忆、意向、情感、性格等大量的无形效应。这些效应是如何产生的？人类的种种体验是如何从一连串的生化反应过程中产生的？人们想做一件事情的心理意图是如何被转化成身体动作的？或者说外部刺激（如视觉或声音）的冲击是如何被转化成愉悦或者痛苦的感受的（这些感受似乎并不驻留在身体的某一个地方）？

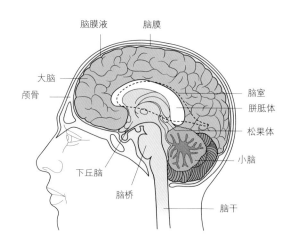

神经科学是一个全新的术语，也是一门全新的学科。本书对最开始几千年的脉络梳理，很有必要地汲取了其他学科的研究成果，其中就包括哲学、心理学、物理和化学等。从中可以揭示人们对神经科学有关知识的发现和形成，例如，感觉系统是如何工作的，我们如何控制身体，学习和记忆如何运作等。然而，我们对神经科学的探求还远远没有完成——这本书就是要继续展示给大家更多的有关神经科学的故事、趣事。

了解你的脑

　　人的脑位于颅骨之内，被一层叫作脑膜的薄膜所包围保护。人脑主要由三部分组成，最大的那部分是大脑，分为对称的左右两半，并且有深深的褶皱。大脑的最外层叫作大脑皮层，不同区域有着不同的功能，如处理感知、控制身体动作以及语言和抽象思维等更高级的心智功能。位于头部后方的小脑，重要功能是运动的操控、身体平衡和协调。第三部分是脑干，主要负责大脑和身体之间的信息传递。脑外层的物质呈现灰色，里面则是泛白的颜色。灰色物质由脑细胞（神经细胞）的细胞体组成，白色物质则由连接脑细胞的轴突（神经纤维）所构成。

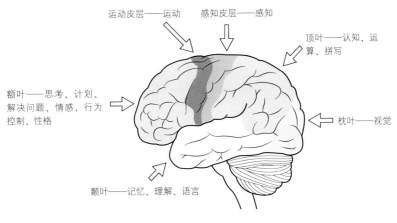

运动皮层——运动　　感知皮层——感知

顶叶——认知、运算、拼写

额叶——思考、计划、解决问题、情感、行为控制、性格

枕叶——视觉

颞叶——记忆、理解、语言

人类大脑主要功能区域及结构

3

目 录

第一章　谁在掌控

第二章　机体内的幽灵

第三章　脑的功能分布

第六章　感觉和感知力

第七章　有点儿痛

第八章　损伤中得来的教训

第九章　发生了什么

第十章　思维和存在

第一章

谁在掌控

告诉我，爱生长在何方？
在头脑里，还是在心上？
　　　　——威廉·莎士比亚，《威尼斯商人》，
　　　　　　　　　　　　　　　　第三幕第二场

很显然，人的身体里存在某种东西，在负责协调它的所有机能。我们身体的某一部件分明在控制着感知、动作以及某种下意识的功能（如呼吸），输出我们所指派的情感活动和智力活动。但是，能够将这些功能和我们的脑联系在一起却并非易事，甚至没有迹象可以表明这些功能是由同一个器官来实现的。正因为如此，脑控制身体机能这一事实，对我们的先辈来说，并非一开始就是显而易见的事情。

运动员类似这样的动作需要大量的脑
和身体协调活动。

心脏与脑的较量

许多早期文明将人类的情感和思维与身体器官联系在了一起。然而，并没有物证能够帮助我们给情感、性格以及意识找到相对应的身体器官，因此，不同文明将它们关联到了不同的身体器官上。早在4000年前的美索不达米亚，人们认为人的智力源于心脏，思想和感知出自肝脏，悲悯之情来自子宫（很显然，男人是没有悲悯之情的），而狡黠机智则由胃部而来。同样，在古巴伦和古印度，心脏也被认为是人体机能的主宰者。

内容可能始于约公元前2700年，用于记录古埃及医学知识的艾德文·史密斯的纸莎草纸。

初识脑

古埃及人曾一度意识到脑在控制身体方面的重要性。人们公认的最早的医学文字记载是艾德文·史密斯的纸莎草纸，该文献成文于约公元前1700年，不过上面的内容可能转述自更早的1000年前。上面记载了48种身体伤害病例，用来指导外科医生做出是否医治的决定。医生意识到，由于肢体和脑失去连接并且无法恢复，颈部受伤折断了的病人往往会下身麻痹或全身瘫痪。该文献记载了史上最早的有关人类脑的描述，"好像融化了的铜水表面形成的褶皱"，医生感觉手下有东西在"跳动""颤抖"，就像婴儿头顶颅骨闭合之前的囟门。

即便如此，古埃及人仍非常确信人的脑并非至关重要的器官，以至于在制作木乃伊的过程中，他们把人体的其他器官精心封存在卡诺卜坛子里，却把人脑从鼻子里钩出并且丢弃。和其他几处早期文明一样，古埃及人把心脏当作智慧的中心、意识的源泉。

也许，脑的复杂功能不为人所知并没有什么奇怪的。简单的解剖工作就能揭示大多人体器官的大体功能。心脏连接着血管，肾脏连通着膀胱，肠子则迂回曲折地连接着口腔和肛门——但是，脑到底是做什么的，人们一点儿都不清楚。

脑的胜利

最先让人知晓脑是人的智慧之源的，是公元前5世纪的古希腊哲学家阿尔克迈翁。他是公认的、以揭示人体机能为目的进行人体解剖的第一人。他对人体视神经进行了解剖，并将脑描述为处理知觉以及组织思维的中心。与此同时，医学作家希波克拉底也给予了脑至关重要的评价："我认为脑在人体中发挥着最重要的作用……脑工作的时候，协调管控着眼睛、耳朵、舌头还有双脚……脑正是人们思维的使者。"然而在古希腊，这样的观点绝不是唯一的，也不是处于支配地位的。

> 感知的存在处所正是脑。人的脑蕴藏着管理能力，人体所有的知觉都通过某种方式与脑相连接……脑综合协调感知的能力也使它成为人的思维中枢：对认知的积蓄储存产生了记忆和信念，记忆和信念在大脑中稳固下来，人们就获得了知识。
>
> ——阿尔克迈翁，公元前5世纪

满富活力的肝脏

古希腊前苏格拉底时代的哲学家德谟克利特（前460～前371）将我们现在所熟知的脑功能归结于三个不同的器官：意识和思维归于大脑，情感归于心脏，性欲和食欲归于肝脏。柏拉图（前428～前347）后来将这一观点总结为"三部灵魂理论"，将理性和智慧归功于脑，并且宣称"脑是我们最神圣的部分，主宰人体的其他一切活动"。

希波克拉底著于公元前425年的有关癫痫病的专著《神圣疾病论》认为，脑是所有知觉的源

古希腊哲学家德谟克利特将人的意识来源归于脑。

泉，其中包括愉悦和悲伤。心脏则让知觉和判断力有了存在的意义，疯狂、癫痴、恐惧等情感，以及失眠和健忘等，均归结于心脏。

物质很重要

德谟克利特认为物质都是由极小的、不可分割的原子构成的，物质之所以质量不同，是因为它们内部不同原子的组合和配置互不相同。在德谟克利特的例证中，最精致的物质是由最小的球形原子所构成的，人的精神基础便是由这些集中在大脑中的精致的原子构成。稍大、反应稍慢一些的原子则占据了被认为是人的情感中心的心脏。更粗糙一些的原子则存在于欲望源泉的肝脏部位。

脑和神经

最早对人类脑进行研究并做出深入分析的两位解剖学家是古埃及亚历山大的希罗菲卢斯（约前335～前280）和埃拉西斯特拉图斯（前304～前250）。据说他们还在犯人身上进行过活体解剖实验，而公元1世纪的古罗马作家塞尔苏斯还为这件事做过辩护："虽然大多数人认为这样做很残忍，但为了挽救更多无辜的人，只好让那些有罪的人做出些牺牲，况且做出牺牲的是有罪之人中的极少数。"

希罗菲卢斯被认为发现了神经，是将神经、血管和肌腱（它们看起来非常相似）区分开来的第一人。非常有可能的是，希罗菲卢斯和埃拉西斯特拉图斯已经认识到了运动神经和感觉神经的区别；更加确定的是，希罗菲卢斯认识到了有些神经的损伤会导致瘫痪。他们两位也都认识到了脑司职思维和感知，区分开了大脑和小脑，命名了脑膜（包裹脑的一层薄膜）和脑室（脑中充满脑脊液的空间）。希罗菲卢斯将脑认定为人的智慧中心，并且将这个中心锁定在第四脑室，他把第四脑室后部的腔比作当时的古埃及人使用的芦苇笔，因此，直到现在这个腔仍被称为"写翻"（芦苇笔的意思）或者"希氏写翻"。

来自1532年的一张图画表明，希罗菲卢斯和埃拉西斯特拉图斯是已知的最早研究神经的两位人士。

心脏的复活

对脑功能的牢固理解似乎已成定局，不巧的是，一位颇有影响的思想家却持有不同观点。哲学家亚里士多德（前384～前322）认为心脏是人体的"指挥中心"，掌管着感知、运动和一系列心理活动，而脑只是一个冷却室而已。尽管大多观点并不准确，但他从以下几方面对脑的权威地位提出了质疑：

● 心脏通过血管连接身体的其他器官和部位，相比较而言，脑并没有与其他器官和部位连接（事实上脑是通过神经连接身体其他器官和部位的，只不过在当时解剖工具非常原始的条件下，神经很难被发现而已）；

● 并非所有动物都有脑（事实上除了一些无脊椎动物之外，几乎所有动物都拥有脑）；

● 在胚胎状态下，心脏的发育早于脑的发育；

● 心脏能够提供感知所需要的血液，而脑却显然是无血的（这两点都是不正确的）；

● 心脏是温暖的，而脑却是冰冷的（事实上心脏和脑的温度是相同的）；

● 对于生命来说，心脏是必不可少的，而脑却不是（对于一些原始动物来讲，这是事实）；

● 心脏对触摸非常敏感，而脑却并不敏感，心脏还会受到情绪的影响。

正如我们将要了解到的情况，亚里士多德忽视了一个事实，即精神、灵魂或意念等这些形而上学的东西存在于人体，也可以与人体分离开来。他认为使人体充满生机的"普纽玛"（pneuma）或者"精气神"彻彻底底是物质层面的，会随着人体器官的消亡而湮灭。这也就意味着他必须给人体所有的心理功能找到一个肉体的定位——于是，他选择了心脏。

公元前3世纪斯多葛学派[1]的哲学家们对亚里士多德推崇有加，认为人的语言和思想与呼吸有关，人发声时，声音到达咽喉前必然发源于胸腔，导致发声的意念也来源于胸

> 脑根本不是任何感知的原因所在。
>
> ——亚里士多德，公元前4世纪

古埃及人尊奉心脏为智慧的来源，也是"心脏称重"典故的意义所在。人死后，透特神和阿努壁斯神给死者的心脏称重，以衡量死者的价值贡献（约公元前984年）。

---

1 斯多葛学派：创立于公元前300年左右的唯心主义哲学学派。——编者注

腔。（这些推理看似奇怪，但由于眼睛、耳朵、鼻子和嘴巴距离脑近，后来就有人认为人类的感觉输出来源于脑，这样的推理其实遵循的是同一个逻辑。）

盖伦和角斗士

公元2世纪，古罗马医师盖伦确信脑是控制人体的最重要的器官。盖伦所处的境况使其比亚里士多德更能做出准确的判断。盖伦是一位外科医生，经常给身体受到各种严重伤害的角斗士治病。他很快发现，切断脊柱会导致创伤部位以下的躯体在知觉和活动能力方面全然丧失。他还注意到，角斗士们的伤情对呼吸、语言和其他功能的破坏程度，取决于神经和肌肉受伤的部位和程度。他还学会了通过外观和功能来区分运动神经和感觉神经，并且对它们与脊柱、脑的关联追本溯源。

由猪来决定

盖伦坚信脑是人体主宰的论断在当时颇为尴尬，因为他最重要的一位病人——古罗马皇帝马可·奥里利乌斯就是一位斯多葛学派的学者，而"心脏为王"的理论当时已被斯多葛学派广泛接受。

盖伦并没有因此而放弃他的坚持，他精心安排了一场公开的演示，来证明脑通过神经控制肌肉的结论。这场演示发生在一头可怜的猪身上。（盖伦的实验和演示其实已经牵连了不少可怜的动物，一般都是猪和猕猴。）这场特殊演示的设想，源于盖伦在一次探索呼吸系统的实验中误切了喉神经（连接喉部或声带的神经）的事件。当时用来做演示的猪被绑好之后，盖伦一开始动刀，它便发出阵阵哀号（是完全可以理解的）。盖伦切断一根神经，猪还在继续挣扎，但是不再号叫了。研究表明，盖伦切断的正是连接喉部和脑的神经。由于实验不是在病人而是在动物身上做的，所以可以多次反复操作。盖伦在后来组织的演示中，同样会切断猪的喉神经，让它和其他可怜的同伴一样不再哀号。

哀号之猪的实验成为一直以来最著名的生理实验之一，也是首次证明脑控制行

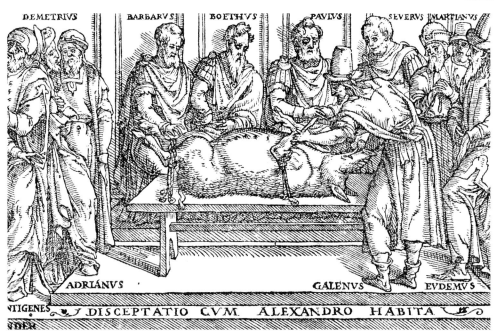

DEMETRIVS   BARBARVS   BOETHVS   PAVIVS   SEVERVS MARTIANVS

ADRIANVS   GALENVS   EVDEMVS

NTIGENES   DISCEPTATIO CVM ALEXANDRO HABITA

NDER

盖伦正在准备一场手术演示，被用来做演示的猪并不配合。

为的实验。后来，有雄辩家站出来质疑盖伦的理论，认为盖伦仅仅证明了猪的脑控制了猪的号叫，并不能证明人的脑可以控制人的语言。盖伦回应说，在某次手术过程中，他误切了病人的喉神经，同样导致了病人语言能力的丧失。如果他的描述属实，对盖伦来说，这个"手术失误"看来应该是一次幸运的偶然巧合。

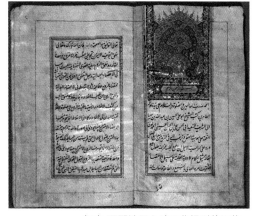

伊本·西那关于心脏用药规则的记载。

盖伦（129～约200）

盖伦出生于土耳其一个上流社会家庭，当时的土耳其是东罗马帝国的一部分。他之前修的是数学和哲学，16岁时开始学医，是因为他父亲想让他换个学科。盖伦后来成了一位训练有素的医生，但直到28岁之前，相对于临床实践，他更多从事研究工作。写了几部医学著作之后，他在家乡帕加马成为一名角斗士护理医师，正是这份工作，给他带来了相当丰富的处理外伤的经验。

161年，家乡的角斗士学校因为战争而关闭，盖伦搬到了罗马。来到罗马后，盖伦取得了极大的成功，声名鹊起，先后被指派给三位皇帝做私人医师。他和许多医师、哲学家展开思辨，在生理学、医学和解剖学等领域广泛地著书立说。

盖伦在生理学和解剖学方面的著作，植根于实践和细致入微的观察。他是当时最有造诣的医学专家，对传统世界进行着深刻的思考，他的著作学说在16世纪以前的医学实践和生理学领域一直占据着主导地位。然而，盖伦的解剖一直都是在动物标本上进行的，许多对解剖过程的描述和得出的结论并没有应用到人体上，这是他的学说被搁置的重要原因。尽管如此，即便是盖伦学里的一些重大错误，在文艺复兴之前也未曾被挑战过。

15世纪医学文字记载的古代三位伟大的医学学者：盖伦（古罗马）、阿维森纳（波斯）和希波克拉底（古希腊）。

然而，问题并不会这么容易得到解决。心脏是人类感情来源的错误论断依然广泛流传。虽然柏拉图和盖伦的观点在整个中世纪的阿拉伯世界占有统治地位，但与此同时，宣扬心脏主导地位的理论仍在发挥着影响。一些专家甚至认为心脏和脑各有分工。中世纪阿拉伯医学家伊本·西那（980～1037，又被称为阿维森纳）认为脑司职认知、感知和运动功能，但脑又受心脏支配，仿佛脑管理不同身体机能的任务是由心脏来分派似的。不管是被去除了心脏还是脑，大多数动物都不会安然无恙地生存下去，因此便很难通过实验来断定对于运动和认知功能，到底是心脏和脑其中的一个起作用，还是二者兼而有之。

脑、神经和灵魂

　　在猪身上的解剖演示，是一种生理性质的实验：神经被割断，阻止了声带的正常工作。盖伦通过他的实验范例认为，这种阻断应该是"普纽玛"被切断的结果，他相信神经和脑的工作不只是简单的机械机能。他将运动灵魂和感知灵魂加以区分，认为感知灵魂有五个属性，对应五种感知能力，但运动灵魂只有运动一项机能。盖伦还认为，理性灵魂有三项机能——推理、想象和记忆。根据以上分析，他为脑定义了三项基本功能：认知感觉、运动控制和生理活动。

关于灵魂

　　亚里士多德认为"普纽玛"通过气管、支气管随呼吸进入人体肺部，再由肺部血管随血液进入心脏，最后转化为生命"普纽玛"，接着通过血管输送给肌肉，从而使它们收缩。和亚里士多德相似，盖伦相信"普纽玛"是由身体汲取不同成分而形成的，而这些成分来源于吃进的食物和吸进的空气。盖伦的实验范例中，最基本的"普纽玛"产生于肝脏，在这里消化产物和血液相混合，使其充满来自大自然的精华。被补给后的血液来到心脏，在这里去除杂质，进而和来自肺部的精华相混合，从而形成更高阶的"普纽玛"——生命精华。浓缩了各种精华的血液由心脏流向大脑处被称作"奇网"的血管网系统，形成了"普纽玛"的最高形式——灵魂精华。事实上，"奇网"在人体里并不存在，盖伦在给牛做解剖过程中发现了它，并且相信人类大脑也会存在。因为精神"普纽玛"并不存在，盖伦这个观点仍然没有引起多大关注。盖伦认为，精神"普纽玛"流入脑室之后，要么再从脑部被送至身体各处，从而影响肌肉的活动，要么在脑里影响各种脑力活动。

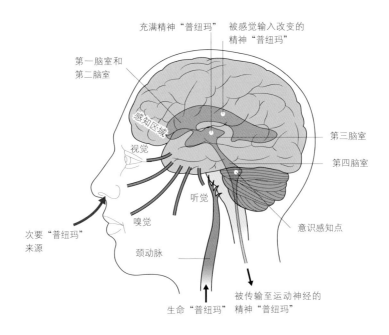

盖伦的神经系统功能划分概念

良好的起点

到盖伦去世的时候，人们找到了认定脑是身体控制中心的充分理由，认为脑明显是通过感觉神经和运动神经连接身体其余部位的，而且脑也是许多（即便不是全部）智力活动的源泉所在。

真正的问题在于，当时没有实际的证据来证明脑是怎么工作的。没有生理学层面的基础，脑和神经是做什么的、怎么运作这些问题，都是由哲学层面的学说或推断来回答的。而好几个世纪的哲学思维都是建立在盖伦的学说之上的，这些学说并非源于对人体具体而微的解剖实验，而是在动物身上的解剖实验和推断。随后几个世纪的时间里，人们的工作重点开始转移到通过观察脑和神经的结构来将这些理论进行验证。

窥探脑

来自古希腊科斯岛的几位医师在大约公元前300年，最早专门打开了脑仔细查看。最早区分动脉和静脉的普罗科撒哥拉斯这样描述道："肠曲状的大脑皮层蜿蜒迂回，层层堆叠。"但他并没有告诉人们，这些肠曲或者盘曲物是做什么的。

埃拉西斯特拉图斯将几种动物的脑和人脑进行了对比，发现人脑的肠曲最多，于是得出了高级的智能生物需要更复杂的脑的结论。不过这一结论后来被盖伦讥讽，因为盖伦指出驴子的脑比人脑有着更多的肠曲。从此之后，面积巨大、结构复杂的人脑皮层就被人们忽视了。这样的状况并不是一个良好的开始。

从差异开始

盖伦是首位区分脑功能区域的医师。他认为，与感觉神经相连接的脑前部，由于构成成分和那些柔软的感觉神经相同，于是他推断脑前部一定是感知区域。他认为"较硬"的运动神经植根于脑后部，并从那里贯穿整个躯体，所以他的结论是脑后部与运动有关。

> 即使驴子有着复杂的脑，基于它们愚蠢暴躁的性情，可以推断这些动物的脑实际上应该非常简单。
> ……在我看来，智力程度并不取决于精神"普纽玛"的数量，而取决于它的质量。
> ——盖伦

通过追踪从眼睛、耳朵、鼻子、嘴和脊柱进入脑的神经束，可以清楚地显示出脑是如何参与接收感觉输入和控制身体运动的。但这并不能解释脑的另一个更为模糊的功能：我们之所以为人和个体的前提——心理活动。没有一种实物结构与精神活动有明显的联系。盖伦把理性的灵魂归结于整个脑，但是在脑室中肯定有更高级的感知来源，他认为这便是生命"普纽玛"。

脑的三巢理论

在早期的基督教社会，教父们努力去接受和适应有形身体里存在无形灵魂的思想。他们将灵魂与认知功能联系起来，但不希望将其定位在脑的固态结构中，于是充满液体的脑室似乎是兼容有形身体和无形灵魂最合适的位置。

希腊基督教哲学家和主教尼梅修斯在约公元390年建立了一种脑室定位学说。

这个学说中，他提出脑由三个脑巢组成，这些脑巢与脑室对应（侧脑室结合成一个脑巢），每个脑巢负责不同类型的认知或感知能力。

遵循盖伦感官感知由脑前部接收的理论，尼梅修斯将感知功能归位于第一个脑巢。他认为，知觉是通过"共通感"（常识）来处理的，从而获得对被感知物体的理解和体会。来自所有感官的输入信息被整合到一起，"精神灵魂"再对信息数据进行处理，综合产生一个统一的印象，从而完成一个认知过程。例如，综合外观、感觉和气味这些感知，人们会产生对橙子的识别和理解。由于视觉涉及产生图像，其他和视觉有关的过程，包括幻想和想象，也一定是位于第一个脑巢中的，这个脑巢被称为"幻视脑巢"。第二个脑巢被称作"逻辑脑巢"，被认为是推理、思考和判断能力的处所。"记忆脑巢"是最后一个脑巢，是知识作为记忆被储存的位置。于是，一种清晰的信息流以精神"普纽玛"的形式通过脑室之间的小孔开始进行传递，从通过感知而认知的过程，到储存知识的过程或者记忆，信息从大脑的前部被转移到了后部。

尼梅修斯声称，他通过观察脑受损产生的影响，找到了支持他理论的证据。他发现，前脑室的病变损害了感官知觉，而不是智力；脑的中心部位受到损伤会导致

> 一旦脑腔里的"普纽玛"被排空，当大脑受伤时，便立刻让人既不能动弹也失去了感觉，这肯定是说，这种"普纽玛"便是灵魂的物质载体或者基本组织形态。
>
> ——盖伦，《论呼吸》

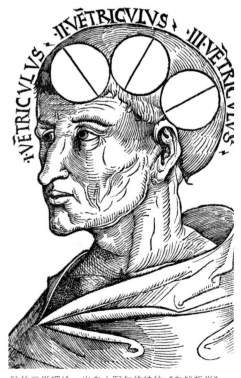

脑的三巢理论，出自大阿尔伯特的《自然哲学》，1506年出版。

从感觉数据中构建识别"橙子"这一物体的过程是一项复杂的脑力任务。

精神错乱，但不会影响感官知觉；而小脑的损伤会导致记忆的丧失，但不会削弱知觉或思维过程。这种脑室定位的学说，被人们认识并接受，在大约1000年的时间里没有受到任何挑战。

12世纪的作家尼古拉斯大师（可能来自意大利的萨勒诺）将这一学说往前推进了一步，他从体液理论的角度逐条分析了三个脑巢的特征。他认为这三个脑巢里一定有着不同存量的"精髓"和"元气"，正是这些反映了三个脑巢里体液的状况，"热"或者"冷"、"湿"或者"干"。

存在于脑但不属于脑

尼梅修斯是一个基督徒，他对灵魂的概念与他的宗教信仰一致，而与亚里士多德的理论并不怎么符合。他认为灵魂并不是身体不可分割的一部分，而是一种与身体混合或在生命周期中存在其中的独特物质。对他来说，情感、思考、知觉等行为是灵魂而非脑的行为。这是一个与以往的理论相比很重要的区别，而且会继续对神经科学产生影响。

根据尼古拉斯大师的说法，"幻视脑巢"又干又热，且充满"元气"。炎热和干燥能汇聚动物体内的"元气"，而这种"元气"的存在则有助于信息的传递。这里的"精髓"很少，这会妨碍"元气"的流动和对事物本质的理解力。"逻辑脑巢"则是一种湿热的状态，这就为之提供了识别力，使得大脑能够区分那些"幻视脑巢"中传递过来的意念想法，区分哪些是真实的，哪些是虚假的，哪些是可靠的，哪些是不实的，等等。同样，"逻辑脑巢"里有着活动所需要的大量"元气"，也有大量的"精髓"，当"元气"耗尽时"精髓"可以进行补充。"记忆脑巢"却是干冷的，因为这些特性有助于记忆的保持。这里有丰富的"精髓"，所以可以很容易地留下各种意念想法的印迹，但是没有太多的"元气"，因为"元气"的流动会消除思想的印迹。

> 大脑被分成三个脑巢：头部前部分的幻视脑巢，中间的逻辑脑巢，后面部分的记忆脑巢。据说想象力存在于幻视脑巢中，推理能力存在于逻辑脑巢中，而记忆自然存在于记忆脑巢中……首先，我们将想法、主意收集到幻视脑巢中，然后在第二个脑巢中进行思考，最后在第三个脑巢中我们将思想存放下来；也就是说，我们将这些最后交付给了记忆。
>
> ——尼古拉斯大师的解剖学说

脑巢、精神和感觉

很显然，这些有关脑巢、它们的性质和功能的概念，并不是通过观察死亡的脑或者动物活体脑推断出来的。整个理论是构建在哲学概念的基础之上，这些哲学概念臆想脑应该怎样工作，如何将精神安放到一个体液控制的身体模型中，以及在脑室贮存精神能力的脑中。

几位早期阿拉伯作家和基督教作家把内在感觉的数量从三个增加到五个、七个。由于只有三个脑巢，所以这些内在感觉必须共享有限的三个空间。通过将一个或多个脑巢划分成顶部、中部和底部的办法，一些作家给出了这些内在感觉精准的位置。

一些作家把脑巢的数量增加到四个，而所有作家都认为不同类型的内在感觉由不同的精神来支配。很明显，在哲学文献中，精神或官能的治疗及其位置确认的描述，比医学文献更加精确，因为哲学文献不需要，实际上也确实没有以解剖学为基础。另一方面，医学文献认为，一个脑巢的损伤会影响到，或可能影响到所有受这

身体和灵魂的体液

　　起源于公元前5世纪的希波克拉底医学观点认为，身体由对应四种不同液体的体液所支配。该理论由公元前5世纪的古希腊哲学家恩培多克勒提出，他认为人的体液与四种物质或"根源"有关，这四种根源物质分别是土、水、气和火，分别对应热、冷、湿、干的特性。

　　希波克拉底对应人体描述了这四种不同的体液：忧郁（黑胆汁）、狂躁（黄胆汁）、乐观（血液）和淡漠（黏液）。他认为，人类的健康有赖于四种体液的平衡保持。根据这个理论，每个人都有自己体液的自然平衡，从而决定了他的性格及健康状况。

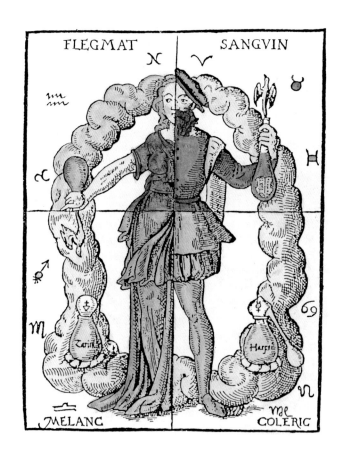

个脑巢支配的官能。当损伤或疾病没有引发预期的症状时，根深蒂固的教条通常会战胜科学的观察。所以，当法国著名外科医生乔利阿克（1300～1368）对一个严重损伤后脑室的病人进行研究诊治时，他认为损伤不够严重，不会引起记忆的丧失，因此错过了对记忆力有效位置提出质疑的机会。

达·芬奇与脑

直到16世纪欧洲文艺复兴时期严谨的人体解剖开始时，脑的三脑巢理论才受到挑战。或者说，至少有一个人在早些时候发现了该理论中的错误，但是他的想法却从来都只是停留在他自己的笔记本上，并没有得到广泛传播。

伟大的科学家和博物学家达·芬奇（1452～1519）对脑如何处理感知信息并传导给灵魂这个问题非常感兴趣。他对脑进行了解剖并绘制了图画，从解剖学的角度对脑做了比以往任何人都更细致、更严谨的描述。他的第一幅绘图主要依赖于阿拉伯人对盖伦学说的解读和中世纪的相关传统。与此相符，他对视觉系统的描述说明了眼睛与第一脑巢的连接，以及耳朵与第一脑巢的连接。

在他第一次给脑绘图的几年时间之后，达·芬奇开始制作蜡模，用来探索脑室的形

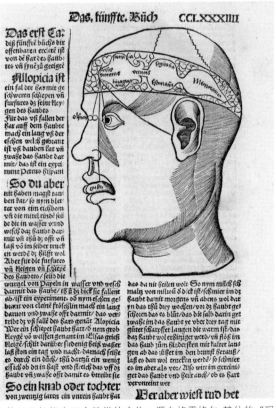

人体不同机能在三个脑巢的定位，源自格雷格尔·赖什的《玛格丽塔哲学》，1503年出版。

19

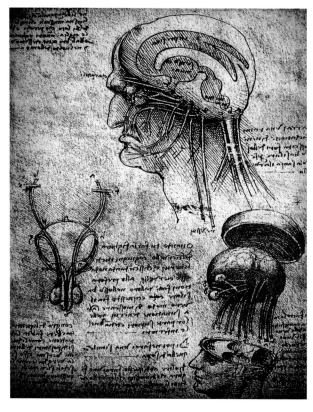

在这张图中，达·芬奇展示了有史以来第一个人脑侧面解剖结构（上）和第一个人脑分解图（右下）。

状。这个办法很奏效。他描述了在一具尸体标本的脑室上钻孔的技术，将细小狭窄的管子插入洞中，导出里面的空气或积液，然后通过注射器将熔化了的蜡质注入脑室。蜡变硬之后，他取出脑组织，脑室的蜡模便呈现出来。直到18世纪荷兰解剖学家弗雷德里克·鲁希重新发现这一技术之前，同样的技术再也没被用于人体内部空腔的塑模探索。

　　达·芬奇做了许多追踪神经走向路径的解剖实验，特别是连接眼睛、鼻子、嘴巴与大脑的神经，还包括与腹部相连的迷走神经和手部神经。他最终打破了在第一脑巢中定位"共通感"的传统，将其移至第二脑巢（第三脑室）。他发现三叉神经（负责面部感知和咀嚼活动）和听觉神经（负责听觉）在这里终止的事实，似乎提示他做出改变。他认为所有的触觉输入都进入了第三脑巢（第四脑室），这给他的理论体系带来了一定的困惑。事实上，他后来放弃了文字的描述，而是用图解的方式让神经为人熟知。遗憾的是，达·芬奇并没有出版他在解剖方面的著作，所以对他同时代的人并没有产生多大影响。

> 一种愚蠢而放纵的精神之物，充满了形式、形象、形状、目标、思想、恐惧、运动、革命……这一切都是在记忆的脑室里招致而来。
> ——威廉·莎士比亚，《爱的徒劳》，
> 第四幕第二场

脑的再认知

三脑巢理论最终受到了伟大的比利时佛兰德解剖学家安德里亚斯·维萨里（1514~1564）的挑战（甚至是嘲讽）。他指出许多动物都有脑室，但我们不赋予它们灵魂，所以人类的灵魂不会在脑室里。

维萨里通过亲自操刀的人体解剖来进行研究。他拒绝动物活体解剖，因为他认为剥夺动物的认知能力是错误的，即使这些能力不如人类的能力。他决定只在人类标本上进行解剖实验，这意味着他有能

> 所有的神经都是从脊髓中产生的……脊髓是由和脑相同的物质组成的，而且脊髓由脑衍生而来。
> ——达·芬奇的笔记

力指出自盖伦时代以来一直存在的一些错误，并将这些错误归因于盖伦的实验标本是牛和猕猴这一事实上面。

维萨里是第一个发表复杂脑解剖图的人。1543年，这些解剖图出现在了他的开创性著作《人体的构造》中。这些插图不是他自己画的，而是委托一位画家（可能是扬·范·卡尔卡）在解剖过程中，在他的指导下完成的。

维萨里的研究对于改变脑研究的视角至关重要，他将人们的研究视角从普遍认同的哲学角度引导到了解剖学层面的探索发现。这个变化是在欧洲文艺复兴精神的影响下发生的，至少在某些方面，科学家们终于开始挑战古典学术的权威，质疑基督教的教义。

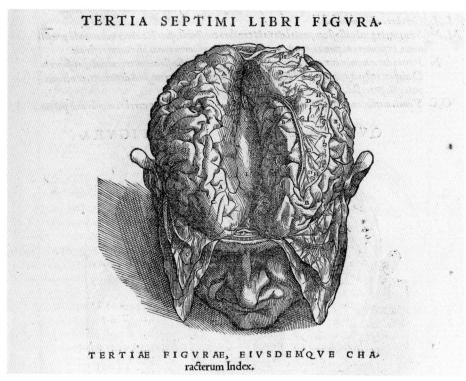

TERTIA SEPTIMI LIBRI FIGVRA.

TERTIAE FIGVRAE, EIVSDEMQVE CHA
racterum Index.

在《人体的构造》一书中，比利时著名解剖学家维萨里发表了复杂的脑解剖图。图中的头部皮肤被剥去，以显示大脑皮层和由裂沟分隔开的两个脑半球。

事实的出现

在16～17世纪，解剖手段揭示了更多关于脑结构的信息，但关于脑怎样工作或脑的结构形式如何与功能相关联的信息却很少。直到17世纪60年代，两个独立工作的解剖学家开始挑战盖伦的权威。1664年，英国医师托马斯·威利斯出版了他的专著《脑解剖学》；1669年，丹麦解剖学家尼古拉斯·斯坦诺发表了《关于脑解剖的报告》。

威利斯称，脑室是"不小心从脑的复杂性中产生的"，并不是上帝为灵魂创造舒适居所计划的产物。他在揭示脑结构方面做了重要的工作，特别值得一提的是，他在血管里注入了墨水，这让他可以追踪这些血管在脑周边以及经过脑时的路径。

斯坦诺则大胆地宣称，"共通感"是不存在的，他仔细地研究了脑室，却没有发现它的迹象。他拒绝了盖伦关于动物精神的理论。

从此以后，人们便一致赞同身体功能和精神功能是由脑控制的，人们开始普遍认为脑通过一些未知手段（但不是动物精神）与身体交流，现代神经科学也从此开始出现。

"心脏还是脑"话题的再探讨

最终，关于是心脏还是脑掌控身体（至少是身体的活动）的话题，通过实验得到了解决。1664年，荷兰生物学家简·施旺麦丹（1637～1680）针对丹麦植物学家奥拉夫·博尔奇做了一场挺吓人的实验，向他证明心脏既不是身体活动的来源，也不是神经传递给肌肉的必要条件。

施旺麦丹把一只活体青蛙的心脏割下，然后放回水中，失去心脏的青蛙居然在水里继续游了一会儿——人们可以想象得到，青蛙虽然游得不很开心，却游得很成功。当他把青蛙的脑移除，之后重复这个实验时，青蛙就不能再游泳了。如果有人对控制肌肉的行为源自脑有任何疑问，那么施旺麦丹那只不幸的青蛙会是最好的解释。

XLII.

Die Seele deß Menschen.

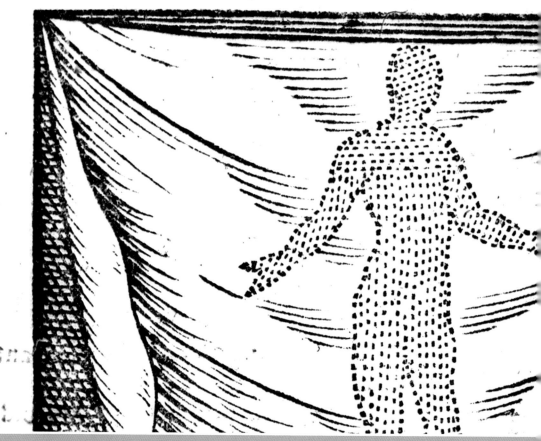

第二章

机体内的幽灵

人由两种非常不同的东西构成——精神和物质，但是，这两种不相关联、互不相称的东西是如何相互作用的，没有人能够说得清楚。

——塞缪尔·约翰逊，1755年

我们都知道自己内在的某个东西与思想、感觉、记忆、意志以及其他心理过程联系在一起。这个东西被称为灵魂、心智或意识，叫法五花八门。意识与身体，或者说灵魂与身体的融合、协同或沟通，是一个古老的谜题，也是神经科学的核心所在。

认为灵魂赋予人生机的观点已有几千年的历史。有些思想家把灵魂归位于一个特定的器官内，而另一些人则认为它遍布整个身体，像这幅17世纪由约翰·阿摩司·夸美纽斯绘制的人类灵魂分布图。

肉体和灵魂

无论古代的思想家认为是心脏还是头脑控制着人的身体，都必须有一个控制是由谁发出的概念。人类既包括肉身也包括非肉身的概念（即身体和灵魂共存），从有文字记载以来就一直存在，而且很可能在有文字记载之前就已经存在了。它的存在有多种形式，并提供了一种解释人类生活和精神活动的方式。

灵魂、心灵、精神或意念

很明显，有一种东西将生物与非生物区分开来。即便我们使用的术语——生命体和无生命体——也会提醒人们有一个精神（灵魂），赋予生物以生命。老虎是活的，但石头不是；植物是活的，但一个门把手却不是。总的来说，我们很容易认定一个东西是否是活的。给生命力、心灵、灵魂命名或者赋予能量，可以帮助区分生和死，并且解释这种区别；生命力的失去则可以解释死亡如何让生命失去生机。

这幅希腊花瓶画上描绘的地下世界展示了死者的幽灵，看起来和活着的人没有什么区别。

公元前9世纪或更早时候的《荷马史诗》认为灵魂或精神是"生命之气"，它区分了生者与亡者，并且随着人的死亡离开人间，生活在地下世界。只有人类才有灵魂，只有人类灵魂才能在地下世界被发现。

亚里士多德不承认肉体和灵魂是两个实体、可以煞有介事地分开讨论的观点。对他来说，灵魂就是一个生命体的能力或功效。像基督教传统那样谈论肉体和灵魂，甚至像亚里士多德自己的导师柏拉图认为的那样，都是毫无意义的，因为只有当生命体能够发挥其功效和能力时，灵魂才会存在。提出身体和心灵是否是一个有机体的问题，就和提出"蜡和它的形状是否是一体"的问题一样愚蠢，它们是密不可分的一个有机体，就像瞳孔和视觉构成了眼睛一样。这个观点使亚里士多德成为将精神功能归位于肉体的第一人。

> ### 三个等级的灵魂
>
> 在亚里士多德看来，生物有机体的能力与它们的需要是相匹配的。满足需求的能力决定了生物体灵魂的类型。植物有简单的需求，因此有简单的能力，与之相匹配，它们就有最简单的"灵魂"。它们可以养活自己、生长和繁殖。动物有更复杂的需求和能力，因此它们也拥有移动、意识和感知的能力。最后，人类有自我给养（植物所具备）和感知（动物所具备）的需要和能力，也有理性思考的能力。
>
> 人们认为这三种类型的灵魂为生命体注入了活力、激活了生机，使生命体能够在活着的时候发挥各种功能。

灵魂的组成物质

在希腊模式中，人们认为有一种"普纽玛"非常重要，负责思想、感觉和行动。这是一种实体的物质，由空气和炽热的血液蒸气混合而成。

古希腊人普遍认为，所有的物质都是由四种元素或本源组成的——土、水、气和火，这个理论由古希腊哲学家恩培多克勒在公元前5世纪提出。这些元素的混合使不同类型的物质有了不同的特性。灵魂也不例外，它并不是由来自于身体的不同类型的物质组成，而是由一些更精细的小颗粒组成。人们认为灵魂的组成物质主要是气和火，气和火组成的物质既轻便又富有活力，而构成身体的其他物质则包含了更多沉重而迟缓的元素——土和水。如果肉体和灵魂是由本质上相同的物质构成的，那么认为它们彼此相互作用也就没有什么特别的问题。亚里士多德对"普纽玛"的重视情况被不同程度地完善和升华，完全符合灵魂是由普通物质构成的观点（尽管亚里士多德有一次也曾经指出，灵魂的组成成分里面可能有一种被称为"以太"的物质，而且他认为这种

灵魂与磁石

在公元前6世纪的古希腊，人们开始将"灵魂"的概念像用诸人类一样用诸其他生命体，米利都学派[1]的泰利斯甚至说磁石也是有灵魂的，因为磁石可以让一些如铁器那样的物质移动。人的品性也被认为和灵魂有关，即使我们不再单单相信这些词汇的字面意思，但我们仍在使用"善良的灵魂"之类的词汇来形容有悲悯之心的人。于是灵魂和人的性格特点也有了关联，或者说灵魂汇聚了人的性格特征。

物质也是天球的组成成分）。

古希腊人认为，宇宙由四种元素组成：土、水、气和火。亚里士多德则增加了第五种，一种无形的元素——以太。

1 米利都学派：约公元前6世纪创立的朴素的唯物主义哲学学派。——编者注

古希腊哲学家伊壁鸠鲁（前341～前270）和斯多葛学派（自公元前3世纪开始）认为，身体和精神之间的共鸣足以证明灵魂和身体是一样的。由于灵魂和身体相互影响，而只有物质体才能影响另一个物质体，所以两者的本质必定是相同的。

伊壁鸠鲁认为，灵魂是由非常精细的物质组成的，它分布在整个身体的各个部位，因此，身体和心灵是一个整体，灵魂不是只存在于某一个单一的区域或器官

> 不存在肉体对非物质的作用，也不存在非物质对肉体的作用，但是存在一个身体与另一个身体的相互作用。肉体对灵魂产生的作用在身体发生病变以及受到伤害时便能体现；灵魂对肉体也会产生作用，于是当灵魂感到羞耻和恐惧时，身体会分别变红和变得苍白。因此我们说，灵魂即是身体。
>
> ——尼梅修斯，约公元390年

中。正因为人的思想被整合到身体的不同部位，所以很容易与这些部位产生共鸣，从而使感知成为可能，这是尼梅修斯在公元4世纪反复强调的一种观点。

古罗马哲学家卢克莱修（前99～前55）设想了身体和灵魂的三重划分法，将灵魂划分为思维部分（意念）和感知部分（生命）。他毫不例外地又一次看到了这两部分的相互关联，而且由同一类物质组成，只不过是物质的不同级层而已。他指出，身体上的打击会影响感知和思维。同样道理，精神抑郁也会对身体、感知和思维产生影响——"意识和灵魂的本质就是身体"。卢克莱修并不相信灵魂可以在死后继续存在于地下世界的古老观点，在他看来，那些构成思想、身体和灵魂的粒子在死亡时就会分开，所有的物质都被重新组合使用，但是它们曾经组合创造的那个独一无二的人却一去不复返了。

上帝的介入

随着基督教的出现，灵魂的意义被教义劫持了，被加上了浓烈的宗教色彩。肉体和灵魂的关系上，既有三元论又有二元论。在三元论中，灵魂、精神和肉体是各自独立的；而在二元论中，只存在肉体和灵魂，精神只不过是灵魂的另一个名称而

死后灵魂的命运已经争论了几千年。在这幅14世纪的壁画中，灵魂要么上天堂，要么下地狱。

已。人们认为，灵魂是不朽的，它一直在竭力与上帝进行交流，是圣灵的一部分，不由物质构成，在死后仍能存活，并被身体所累。

基督教教义并不过多关心这几方（灵魂、思想和肉体）是如何沟通的，但非常清楚的是，不管是出于理性还是仁慈，作为个体的人的灵魂都在设法抑制肉体的本能，使其行为合乎道德规范，否则，肉体的各种迫切要求通常会使灵魂处于危险境地。有关肉体和灵魂关系最普遍的一个比喻就是，二者是战场上战斗的双方，时时剑拔弩张，处于紧张的对立状态。基督教教义当然不认为灵魂是肉体的一部分，也不认为灵魂存在于肉体的某个特定的器官中。当人们说到精神活动所在的身体位置时，最常提及的便是心脏，但这并不意味着心脏实际上就是灵魂的"灵位"，正如圣奥古斯丁（354～430）阐述的那样："在《圣经》中……心这个字，是身体某一部位的名称，在比喻意义上被说成是灵魂，而这些哲学家坚持认为，当脏器被暴露时，心也就仅仅是一个器官而已。"

奥古斯丁把感觉功能、运动功能和记忆功能归位于大脑，但认为逻辑思维能力是无法归位的灵魂所发挥的作用。到了中世纪，"灵能"就已经开始有了神性的一面，而这在盖伦时代没有出现，对他来说，"灵能"并不是什么超自然的东西。

好几种精神

盖伦的文献理论几经周折才传到了中世纪的欧洲。自12世纪开始，阿拉伯哲学家和医学作家们在该理论重新引入南欧之前将其进一步发展起来。中世纪阿拉伯医学家伊本·西那加入了自己的观点，描述了动物精神的位置移动，它们从第一脑巢移动到第三脑巢的过程中，获得了越来越高级的功能。在第一脑巢中，它们能够感知和想象；在第二脑巢中，它们增加了认知能力；到了第三脑巢中，它们拥有记忆能力。和盖伦的理论相比，这里有一个明显的变化，伊本·西那的观点认为，具备这些能力、功能的不是脑室本身，而是脑室里装着的精神。伊本·西那也不认为感官或运动神经的精神与任何脑室里的精神是一样的，而是代表另两种精神。

灵魂位居何处

如果肉体是由灵魂赋予生机活力的话，那么自然而然有人会问：灵魂位居何处？它可能遍布全身，但在身体受伤的情况下会导致问题出现。例如，如果某一处肢体被切断了怎么办？那里面的灵魂会变成什么样子呢？1533年，连体双胞胎乔安娜·巴莱斯特罗和梅尔基奥拉·巴莱斯特罗死后，天主教会下令对她们进行尸检，看她们是各自拥有独立的灵魂，还是共用一个。尸检结果找到了两颗心脏，并得出结论，这对双胞胎每个人都有灵魂，灵魂存在于心脏。

尽管人们已经得出了控制肌肉和感觉的功能存在于脑的结论，但脑和心脏整体上的争论似乎从来没有得到解决。人们认为灵魂，或者甚至是思想，仍然可能存在于心脏。

合而为一了吗

精神分裂理论并不能真正解释不同的感觉或认知能力是如何起作用的。17世纪，西多会的修士欧斯塔希乌斯·圣·保罗（1573~1640）建议将所有灵魂合而为一。他将其称为"想象"，并把它定位于中间的脑巢，留出第一脑巢给感知、第三脑巢给运动控制。

> 我认为，人类只不过是地球上的雕像或土质机器而已。
> ——勒内·笛卡尔，《论人》，1662年（去世后出版）

机械的身体

与此同时，法国哲学家勒内·笛卡尔（1596~1650）研制出了人类身体的机械模型。他的灵感来自巴黎附近凡尔赛宫花园中的自动装置。自动装置通过流体压力来移动，这些流体通过地下管道来输送。笛卡尔认为，简单的液压可以产生运动，同时也知道了机械装置的原理，他推测人体也可以遵循物理定律来工作。他认为，可以给以下人体机能活动找到一种纯机械的解释——食物消化，心脏和动脉的跳动，四肢的营养供应和生长，呼吸，醒来和睡去，由外部感官接收的光、声音、气味、味道、热量等诸如此类

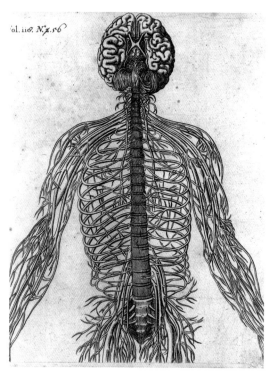

笛卡尔《论人》所描绘的脑和神经系统。

的功能。

笛卡尔进一步阐述，灵魂经典概念中的营养功能、感官功能和运动功能是不需要的，这些功能可以完全由身体的物理机制来完成。

笛卡尔认为，其他动物的身体活动或精神活动也都是机械性的，不需要任何灵魂或精神的支撑。狗或蜜蜂能感知颜色、听到声音并对疼痛刺激做出反应，所以很明显，理性且不朽的人类灵魂是不参与这些活动的。但是，想象、激情、良知和其他人类特有的能力呢？虽然颇有能耐的身体作为机器在运转过程中工作良好，比如血液流动、呼吸，甚至是知觉，但它不能解释思想，不能构成一个有意识的"自我"。笛卡尔仍然需要一个理性的灵魂来与机械的肉体建立起关联。

和欧斯塔希乌斯一样，笛卡尔提出了这样一个概念，认为一个简单实体即包含所有类型的精神活动，包括思想、想象力、意志力、理性和意识。他称之为"精神实体"，与意识非常接近。他有效地解决了保持人类特殊性的问题，但他提出了另一个问题：考究的、没有实物的灵魂是如何与肉体互动的呢？那些非物质的东西是怎样移动和改变他物的呢？毫无疑问，灵魂或心灵（试图找一个更好的词）与肉体是相互作用的：我们决定动一动手臂，它就会动；当我们伤心难过或受到伤害时，我们就流下眼泪。因此，在无数情况下，我们的思想和身体相互作用、相互影响。

联系点

笛卡尔需要一个肉体与灵魂之间的联系点，他选择了松果体——一个深藏在脑内部的小结构。这与脑室理论区别很大，因为他选择了一个坚实的实物结构作为精神活动的中心，而不是充满液体和精神的空隙——尽管他错误地认为松果体位于其中一个脑室里面。基于松果体悬浮在充满液体的脑室内部的认识，关于身体和"精神实体"的互动，他在1649年给出了一个生硬的解释：松果体最轻微的活动可能会引起极大的精神活动（在不同脑室直接流动），反之，任何轻微的精神活动，也会引起松果体活动变化。

33

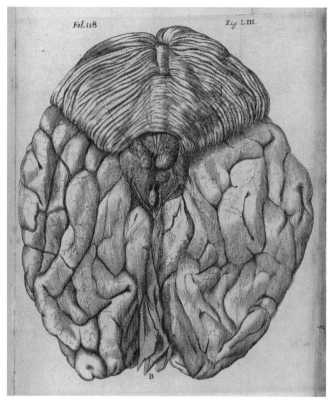

笛卡尔的脑后视图显示了位于中心位置的松果体。

　　笛卡尔推断说，因为松果体没有分为两个脑叶，而是位于两个脑半球之间，这样的位置使它能够接收来自两个脑半球的信息，并且将这些信息融汇成一条印象信息供灵魂去理解。松果体非常小，实物几乎没有往外延展，这些特点也使笛卡尔将这里认为是"精神实体"的居所，因为"精神实体"本身不占据任何物理空间。

　　尽管笛卡尔为自己找到了灵魂的物理位置而感到满意，却很少能够说服别人。整个17～18世纪，解剖学家们继续试图找到"动物精神"的来源，并将其作为灵魂或意识的所在地。脑科学家托马斯·威利斯宣称脑是"能呼吸的鲜活神庙"。他认为小脑可能是至关重要的器官，因为它受伤害的后果总是致命的。有些人认为胼胝体是动物精神的来源，而另一些人则选择了其他不同的位置，但无论如何，脑室已经失宠了。

人们从未达成一致意见，协调肉体灵魂二元性的问题仍然非常棘手。神经科学仍然没有一个明确的答案：有的神经科学家相信存在一些形而上的东西，而有的则相信整个神经结构全部都是物质的。

机械的拆解

唯物主义的观点消除了解释肉体与精神如何交互的必要性，提供了最终识别身体各个方面如何工作的可能性，包括脑参与的无实体的活动。丹麦医生尼古拉斯·斯坦诺简明扼要地说："由于大脑是一台机器，所以研究其设计构造的方法与研究其他机器的方法不应该有什么不同。我们唯一要做的就是将如何处理其他机器的办法用在处理大脑上，把它拆成不同的部件，既单独研究，又放在一起琢磨，看它们都是做什么用的。"

主流观点虽然肯定了精神或者灵魂这个非物质角色的重要性，但仍为一件件拆分机械肉体留足了空间。

从16世纪开始，对脑、神经和脊髓在解剖学、生理学层面的科学探索，越来越多地解开了人的机体奥秘，而正是这些机体奥秘，使得我们的身体和精神与我们周围的世界发生着互动。

灵魂统治力的削弱

随着人们对神经系统生理学层面认识的加深，非物质的"精神实体"的效用空间被逐渐削弱。英国医生托马斯·莱科克对"癔病"进行了深入研究，"癔病"是对神经失常行为的一种统称。莱科克在1839年发表了他的发现，其中写道："颅神经节虽然是意识和意志的所在地，但也和其他神经节一样，受一定的规律支配。"

（神经节是一组神经细胞，或者说是神经细胞的组合体。脊椎里有脊神经节，脑里有脑神经节。）有人认为也许某些心理功能可以从生理学的角度做出解释，这一提法当时甚是让人震惊。这种设定也不可避免地被延伸到了整个脑器官的工作原理上。

以癫痫病研究见长的约翰·休林斯·杰克逊最终否定了人类身心工作都需要某种灵魂或形而上学之物的说法。他认为，除了复杂性之外，原则上脑与其他身体器官没有任何不同。他借鉴了新发现的能量守恒定律，认为神经系统由一组分散的器官共同作用。鉴于此，他的首选模型是一个完全感觉运动神经系统，包括心理功能的更高方面。

Fig. 19. Phase tonique. Grands mouvements toniques. La malade se trouve ra... en boule et fait un tour complet sur elle-même.

绘制于1881年的癫痫病人发病图。癫痫病曾经为神经科学提供了卓有成效的研究机会。

三种理论

杰克逊认同了三种可能的解决身心关系问题的方法论。第一种是笛卡尔的心理二元论，用杰克逊的话来说，就是"通过一个非物质的介质来由神经系统做功"。

第二种是唯物主义，该理论认为人的思想和身体完全是一回事，"最高中心的活动和思想状态是一体的，所以心理活动完全是物质的"。

精神的擅离职守

在其正常运作的情况下，很难研究脑或精神的功能。纵观神经科学的历史，研究人员已经从相关疾病和争辩中得到了广泛的证据。脑损伤（由疾病或事故引起的脑部伤害）、癫痫、各种类型的精神疾病、阿尔茨海默症等神经疾病，以及催眠术等特殊情况，都能从不同角度、相互对比地提供不同的见解。癫痫已被证明是一个特别丰富的研究领域。曾经与癫痫有关的癔症不再被认为是一种独立的病症，而是一种"躯体化"症状：当身体将心理病痛或压力转化为身体症状时，就会表现出不稳定的行为、意识的丧失、癫痫、选择性失忆、选择性缄默症等一系列症状。

约翰·休林斯·杰克逊（1835～1911）

杰克逊曾接受过医学培训，后来在伦敦的伦敦医院和国立医院治疗瘫痪和癫痫。他最著名的著述是癫痫病人的病例日志，其中详细记录了癫痫病发作的过程和不同形式的识别。

他对哲学和生理学都很感兴趣，并宣称他的目的是要发现整个神经系统的运作机制。作为一个无视形而上学的不可知论者，他相信这样的解释可以包含所有与人类有关的东西："从肉体角度讲，人的身体是一个感觉运动的机体……如果进化论正确，那么所有的神经中枢都一定是感觉运动的集成。"（1884年）

一个患有精神疾病或癫痫的人，和其他肢体残疾的人一起，希望能从圣物盒中获得治愈的奇迹。

第三种理论认为大脑和精神是不同的概念，但彼此平行运作；它们之间没有因果关系，但遵循相同的运行路径。德国哲学家戈特弗里德·莱布尼兹在17世纪提出了一个类似的观点，即同一时间点上两个时钟的类比，尽管两者之间没有关联。休林斯·杰克逊把这称为"共存法则"。虽然他拒绝形而上学的观点，但对"共存法则"充满兴趣，因为这一法则允许神经学自由发展，而不需要否认非物质的概念。

神经学和心理学的分离

休林斯·杰克逊采用"共存法则"，有效地将神经学从其他学科中分离出来，成为一门独立的临床学科。神经学可以完全独立地处理病人的感觉运动表现和病症，而忽视任何心理因素。尽管像后来的其他神经科学家一样，杰克逊也意识到精神状态和情绪上的负担会对身体健康产生影响，但他认为在评估和治疗神经性疾病的感觉运动方面，精神状态和情绪因素并没有被考虑在内。这对神经学和心理学的分家产生了额外的影响。心理学处理非物质的思想，即自我与世界的关系，而神经学则处理身体层面病痛的临床表现。尽管没有忽视对心理学的关注，但后来的神经科学一直遵循着杰克逊厘清的发展思路，试图对脑中的物理变化做出阐释。

尽管杰克逊把精神和身体做了划分，但他也不同意无意识心理的说法。他认为，如果脑在人类意识水平之下做了什么，那么这种情况在失去意识的病人中应该是很常见的，但是当一个病人无意识的时候（当然，他无法使用现代技术来测试该病人的脑活动），就没有什么明显的事情发生了。最终，他只是想摆脱思维的复杂性："作为一个进化论者，我不关心这个（关于心灵的）问题；出于医学目的，我也不在乎这个问题。"（1888年）

跨越界线

休林斯·杰克逊对精神和情绪对身体的影响采取了无视的态度，但如今这些因素变得日益重要。神经科医生经常看到病人有真正的身体症状，但并没有找到躯体（和身体相关的）原因。他们的疾病是"在大脑中的"或者是"身心的痛苦"，这意味着他们在"制造痛苦"。但是，躯体化的痛苦并不能凭空制造而来：这和身体原因产生的疼痛一样，是一种真实的体验。我们将在第七章中看到，所有的疼痛都是在大脑中产生的。

了解精神病痛躯体化的情况，对临床医师是有用的。一方面，这可以停止过度治疗和探究，这种过度治疗和探究并没有效果，因为病痛的原因根本不在显示症状的身体部位。另一方面，通过处理导致患者出现身体症状的情况，可以提供近似有效治疗的机会。很难通过有效证据确定一个症状是躯体化的痛苦，而不是未确诊的症状，而且这很大程度上依赖于其他因素的排除。就像思维对肉体的影响一样，躯体化是思维跨越界线的一个例子。

CALVES' HEADS AND BRAINS OR A PHRENOLOGIC

第三章

脑的功能分布

在一个用于解剖学研究的人体标本的多个富有
生机的器官中，我们推测脑是容易为人所知
的；然而与此同时，脑也是最无法完美理解的
器官。

——托马斯·威利斯，1644年

在不经意的观察中，脑看起来相当均匀，但到了16
世纪，人们已经认为脑是掌管一系列能力之所在。
那么问题就自然出现了：脑是否有专门的区域（甚
至是离散的器官）司职各种功能，还是所有功能都
是混合在一起的？经过大约500年的研究探索之后，
我们得出的最好的答案是两者兼而有之。

早期试图将不同的功能分配给脑不同部位的方法是颅相学，它
被医学专家嘲笑，却被许多人积极地采用。

一个还是许多

即使是最早的脑研究理论，也尝试着在不同的脑区域定位不同的脑功能，但这些理论更多的是基于对脑应该如何工作的臆想，而不是对脑实际工作状况的观察。盖伦认为感官输入和运动控制由脑前部处理，心智能力则归脑室所控制，他的理论在脑功能定位领域形成了一种基础样板，在接下来的几个世纪里人们将其不断发展和完善。最终在17世纪，关于脑功能定位的理论开始建立在解剖学研究的基础之上，而不是基于哲学和人们的传统观念。

柏拉图用战车寓言来描述人类的灵魂。车夫代表智力和理性，马代表情感和欲望。车夫的任务是驾驶马匹走向觉悟开化的稳定道路。

在15世纪末，人类和动物的解剖在大约1800年的间断之后再次开始。解剖学家不仅对他们的研究对象进行了仔细的检查，他们还以图文并茂的形式记录了解剖过程中的所见所闻。从16世纪的维萨里（比利时解剖学家）时代开始，解剖学家们发现，或者最终承认，身体的许多结构（包括脑）与盖伦的描述并不相符。

随着解剖学家工作的开展，对脑结构更准确的描述出现了，但他们对脑究竟是做什么的，以及脑是如何工作的理解仍含糊不清。脑的大部分区域看起来都相对没有什么明显的特征，早期被认为是普通"外皮"的皮层，并没有类似胃绒毛或肺泡一样的精细结构。

走向神经学

第一位对脑进行彻底研究的是英国医师托马斯·威利斯（1621～1675）。作为牛津大学的"自然哲学"（科学）教授，威利斯在1664年创作了一部很有影响力的专著，叫作《脑解剖学》。在这部专著中，他详细描述了脑的结构，并创造了"神经学"一词。威利斯没有局限于一个现代解剖学家的发展路径，他说他想要"解开人类心灵的秘密，并观察这个鲜活的神之圣堂"。

解剖是威利斯工作的基础。在他的指导下，他的助手理查德·罗尔医师在旅馆和私人住宅的后室里进行解剖工作。威利斯用放大镜或显微镜检查这些绘制成图的脑结构，这些脑结构图是由克里斯多夫·雷恩（他更为人知的身份是新圣保罗大教堂的建筑师）绘制的。威利斯将染料注入大脑的血管中，以追踪它们的流动路径，并对脑的循环做了大量的研究。

威利斯试图找出他所看到和描述的脑不同区域的不同功能。他提出脑回（脑皮层上的隆起）控制着记忆和意志的论断，这一论断使他成为第一个在皮层上而不是脑室里定位心理功能的人。他将人类更加强大（比动物强大）的心理能力归因于皮层上的肠曲，将视觉感知归因于胼胝体，胼胝体是一大束神经纤维，连接着两个脑

> 人应该知道，只有脑能够给我们带来快乐、愉悦、欢笑和运动，还有痛苦、悲伤、沮丧和哀愁。通过脑，我们以一种特殊的方式，获得智慧和知识，看到和听到，知道什么是肮脏的，什么是公平的，什么是坏的，什么是好的，什么是甜蜜的，什么是令人讨厌的；我们根据习惯区别对待某些事，根据效用判断某些事。根据季节的不同，我们有所喜好，有所厌恶，同样的事情并不总是让我们高兴。就是这么一个器官，让我们变得疯狂和精神错乱，害怕和恐惧折磨着我们，有时在夜晚，有时在白天，梦想和不合时宜的游荡，不恰当的关心，对现状的无知，懒惰和生疏。
>
> ——希波克拉底，《神圣疾病论》，约公元前400年

半球，是脑中最大的白色物质。他把胼胝体想象成一个屏幕，视觉图像被投射到这个屏幕上，供理性的灵魂去观察。他还将其他类型的感觉和运动归因到纹状体上，将无意识的运动和其他重要机能分配给了位于脑部后下方的小脑。

威利斯关于脑功能的观点更多地来自他对灵魂的认识，而不是实际的证据。他相信灵魂有三种类型，这大致遵循了亚里士多德和柏拉图的模式。除了感知灵魂和生命灵魂是人类与动物都有之外，人类还有一个不朽的灵魂，能够有更高的思想、意志和判断力。这个不朽的灵魂没有物质形态，但在威利斯看来，它作用于脑。威利斯没有解释这两者（有形灵魂和无形灵魂）是如何相互作用的，只是详细地解释了物质的灵魂（动物也有的）。在盖伦之后，他描述了动物精神（在脑和神经中）是如何从血液中循环的生命精神里提炼出来的。他说，动物精神是在皮层和小脑中产生（而不是传统观点认为的在第三脑室中产生），并储存在脑中，它们根据需要由神经传递到感觉器官和肌肉。威利斯描述了一种反射弧，由此处理感官知觉，然

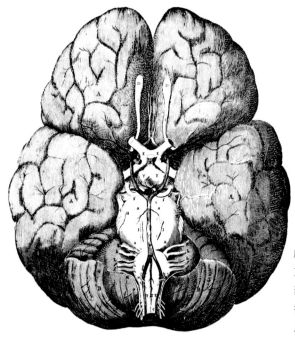

威利斯没有遵循当时的标准程序。正如克里斯多夫·雷恩在1664年绘制的《脑解剖学》一书的插图所示，威利斯没有进行原位解剖，而是先把脑移到体外，然后自下而上着手解剖。

起死回生的安妮·格林

托马斯·威利斯和他的导师威廉·佩蒂经常在佩蒂家里进行解剖活动。这种情况下，他们得到的比期望的要多很多。

当地允许佩蒂对牛津21英里[1]范围内被执行死刑的任何犯人的尸体进行解剖。1650年12月14日，这对师生准备解剖安妮·格林的尸体。安妮·格林是一名洗碗女仆，她被强奸导致怀孕，后因涉嫌杀婴而被处以绞刑（后来人们发现这名婴儿生下来就是死胎）。格林在牛津被绞死，悬停了半个小时，然后被放进一口棺材并移送到佩蒂的住所。但是当威利斯和佩蒂打开棺材准备解剖尸体时，格林发出了一种奇怪的声音，并且开始呼吸。这两个人用热腾腾的滋补汤把她救活，用一根羽毛搔她的喉咙，使她咳嗽，揉搓她的胳膊和腿，然后把她和另一个女人放在床上取暖。不到12小时，格林就能说话了，1个月后她就完全康复了。她得到了赦免，后来结婚，又生了3个孩子。

1　1英里合1.609千米。

后皮层开始向肌肉传递动物性质的灵魂。这在某种程度上解释了许多类型的行为是人类和动物共有的，因此，只有当它们受到外部刺激的时候，动物（威利斯认为缺乏意志）才将自己或其成员移动位置，所以感知之前的运动，某种意义上讲正是动物运动的原因。相比而言，人类有另一种应对方式，当感知图像被投射到胼胝体上时，人类可以产生出主动的、有意志的行动。

威利斯对脑结构的描述细致入微、一丝不苟，并且首次给出了当前我们使用的颅神经编号（这些颅神经直接从脑中生出，并连接到头部和颈部）。他区分了脑中的白色物质（脑白质）和灰色物质（脑灰质），认为白质负责产生动物精神，灰质负责它们的操作和分配。

威利斯的书有效地将精神活动的所在地从脑室转移到皮层，改变了脑的研究方向。即便如此，书中也没有揭示出脑的工作原理，而且他广泛的脑区域定位并没有经验证据基础。

尼古拉斯·斯坦诺对当时人们对脑的无知感到遗憾："我们只需要观察一次对脑这个大家伙的解剖，就会为我们对脑的无知而慨叹。在最表层，你会看到让你赞叹的各种结构，但是当你审视它的内在物质时，你几乎会彻底震惊，因为你只能看到两种物质，一种是灰色的，另一种是白色的。"

脑功能的区域定位

尽管出发点是好的，但要确定脑负责不同活动的区域是困难的，在18世纪之前这项工作没有取得什么进展。

伤病引起的观察和发现

正如斯坦诺所观察到的，脑呈现给我们的就是一个谜。即便头被打开，也看不见这里面在做任何事情。但是头部受伤可能会导致非常明确的负面后果，这也表明脑内部其实是在时刻不停地做功。

1710年，法国军事外科医生弗朗索瓦·波弗·杜·佩蒂特（1667~1741）对一名患有脑脓肿的病人进行了治疗。病人脑脓肿相反一侧的身体瘫痪，这一观察使

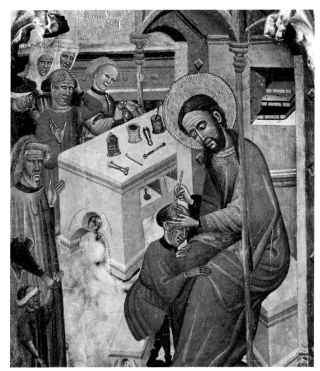

圣卢克在给人的头部动手术。

佩蒂特得出结论，脑的动物精神通过神经束从脑一侧贯穿到另一侧，这些神经束交叉于髓金字塔处（脑干上方的成对结构，略低于脑桥）。他表示他可以通过切断狗体内神经束与髓金字塔的连接来制造狗的偏瘫。1727年，他将研究推进了一步，追踪髓金字塔中穿过的神经，到达皮层的源头。由此，他第一次确立了运动皮层的存在。

这是脑功能最基本的偏侧性研究，揭示了脑的一侧控制身体的另一侧，并接收身体另一侧的信息输入。这是一个非常重要的发现，也是唯一一个在一段时间内产生巨大影响的发现。

展望未来

伊曼纽尔·斯韦登伯格（1688~1772）似乎不太可能成为一位有先见之明的神经学家。在研究了神学并对持不同意见的路德宗派的教义产生兴趣之后，他决定从

伊曼纽尔·斯韦登伯格在收到神圣号召之后，放弃了对灵魂的研究。

事自然科学和发明工作。在他的工作计划中，有一个是关于飞行器的，另一个是关于潜水艇的。

斯韦登伯格在自然科学和宗教方面的双重兴趣，使他设法去研究灵魂的生物学性质。他相信灵魂与肉体相连，并以物质为基础——因此是容易被研究的。从17世纪30年代开始，他对脑以及神经系统的结构和功能进行了广泛的研究，并对其进行了独立、深入的思考，从而对后来的许多发现进行了预测。他的目标是找到灵魂的所在地，他制订了一个雄心勃勃的计划，要出版一本17卷的解剖学著作。他在1743年辞去工作，开始为他的书收集素材，但第二年他经历了一个新情况，他声称基督选择向他透露《圣经》的真正含义。毫不奇怪，他不得不放弃先前的项目来承担这个要求很高的神圣任务。斯韦登伯格的任务是从希伯来文开始找到《圣经》每一节的精神意义。

对皮层的重新评估

当时的主流观点认为，皮层在脑功能方面并不重要，它的唯一作用就是将血管输送到脑更深层的地方，而这些地方正是所有实际工作发生的地方。后来的脑研究权威专家、瑞士生理学家阿尔布雷希特·冯·哈勒（1708～1777）的研究进一步证实了皮层几乎没用的观点。他测试了各种身体组织的"应激性"（敏感性），发现皮层完全没有反应。在对狗的实验中，他用手术刀、腐蚀性物质以及其他各种他认为可能会引起疼痛的东西刺激狗的皮层，但狗始终没有任何反应。只有当哈勒把他的探针深深地扎进狗脑时，狗才发出号叫和挣扎。他的结论是，皮层实际上只是一种没有感觉或运动功能的外皮，并不具备更高的精神功能。

斯韦登伯格查阅了关于脑生理结构的文献，包括实验结果和观察研究，然后重新将相关数据进行解析，得出了完全不同的结论。他的主要发现是，皮层是接收感觉信息和发起意志行动的中心："皮层物质赋予生命，即感觉、感知、理解力和意志力；它也赋予运动，是一种与意志、自然协调一致的力量。"

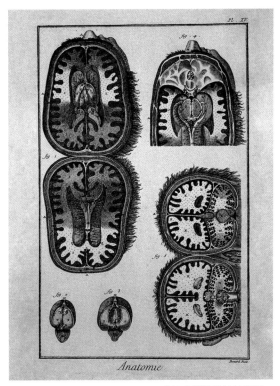

18世纪晚期的脑结构版画。

让人困惑的言论

比萨大学的医学教授多梅尼科·米斯蒂凯利早于佩蒂特一年提出了神经交叉和脑损伤侧影响的观点，但他的言论描述缺少启发性：

"延髓外部与神经纤维相互交织，后者非常像女人的长发辫子……许多分散在一侧的脑神经，植根却在另一边。举个例子，按照这样的分布规律，那些延伸到右臂的脑神经，可以很容易地在脑脊膜左侧的纤维中找到根部；同理，延伸到左臂的脑神经会植根在脑脊膜右侧的纤维中……因此，假设是明确的，即在大脑的右侧通过很小的间隙输送动物体液（精神）的作用过程，如果受到了压迫，或者遇到了抽搐、窒息或其他缺陷，神经纤维连接的左胳膊、左腿或其他左侧部分，要么感到震颤、瘫痪，要么失去感觉和运动，因为这些部位的神经得不到必要的精神供给，给它们提供供给的相反一侧的脑神经受到了损伤。"

49

意大利生物学家马赛罗·马尔比基（1628～1694）是第一个用显微镜检查皮层的人。他在报告中说，皮层由许多小腺体或者说是小球体组成，上面附着纤维。这些小球体后来被证明是因为马尔比基的显微镜和他准备样本的方式所产生的。斯韦登伯格关注的是马尔比基所观察到的纤维，认为这些纤维可能连接着独立的单位元素，这些独立的单位元素充当"小脑"或"迷你脑"的角色。在将这些分离的元素识别为相互作用的离散元素后，他出色地预测了在100多年之后的19世纪90年代才出现的神经元（脑细胞）学说。这些纤维穿过皮层抵达脑白质，再穿过髓质、脊髓，然后通过末梢神经到达身体的各个部位。他指出，这些都是感觉和运动的通道。

> 我一直在从事脑解剖的研究，目的是为了发现灵魂。如果我能给解剖学或医学界提供任何有用的东西，那将是一件可喜的事情，但如果我能在灵魂的发现上有任何更清楚明确的进步的话，那就更有意义了。
>
> ——伊曼纽尔·斯韦登伯格

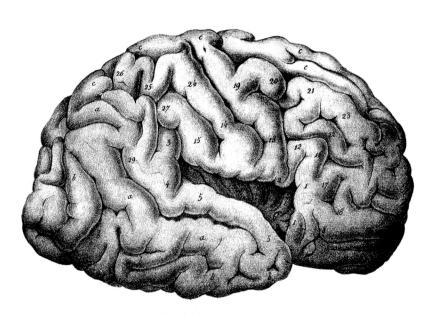

脑上的皮层，1829年文献。

斯韦登伯格确信，感知最终会追溯到皮层，因为这里是神经纤维的来源或终点。他不清楚不同的感知是否分布在皮层的不同区域，但明确提出了运动控制是局限在一定区域的，例如，控制脚部运动的区域位于脑部背侧（后部）的皮层，控制面部和头部运动的区域则位于脑部前侧的皮层。这种见解直到1870年才浮出水面，公之于世。

在精神功能的定位上，斯韦登伯格指出，脑前部的损伤更有可能损害"内在感觉功能，如想象、记忆、思维"，用他的话说是"意志被削弱了"。然而，他说脑后部的损伤并不会导致这样的结果。关于脑垂体，他认为这是"脑整个化学反应的主导"，这一观点在20世纪再次出现。斯韦登伯格说，胼胝体允许脑的两个半球相互交流（确实是这样），纹状体接管运动控制的功能后，运动就变成"第二天性"。

荒野中的声音

尽管提出了这些惊人的见解，但斯韦登伯格对神经科学的发展并没有产生什么影响，可能是因为他在生理学方面的成果是在他寻找灵魂（这一神学或哲学角度）的背景下发现的，所以科学家们并没有注意到这些。19世纪80年代，两位德国生理学家古斯塔夫·弗里奇和爱德华·希齐发现了运动皮层，人们才对斯韦登伯格产生了浓厚的兴趣，因为人们意识到这些所谓的新发现，斯韦登伯格已经说过很多了，但不久之后他的名字又消失得无影无踪。

缓慢的发现之路

神经科学的主流发展道路上，前进的脚步磕磕绊绊。不可避免的是，实验室里人们先是使用动物进行早期的调查，研究脑不同部位的不同功能。1760年，法国生理学家安托万·查尔斯·洛里从狗身上取出小脑和大脑，并报告说它们继续呼吸了15分钟。他的结论是，之前被认为是脊髓延伸部分的髓质，一定有着更加至关重要

马赛罗·马尔比基最著名的成就是发现了毛细血管。

的功能。

1806年，朱利恩－让－塞萨尔·莱格劳伊斯做实验寻找髓质的哪一部分是呼吸中枢。他先把幼兔的小脑切除，然后一片一片地切除中脑和髓质。他发现，当他在第八根脑神经的位置切断髓质时，兔子停止了呼吸，所以他将呼吸中心定位到了这个地方。1851年，玛丽－让－皮埃尔·佛罗伦斯更精确地定位了呼吸中心的位置，说它的大小（在兔脑中）并不比大头针的头部大。莱格劳伊斯的发现是第一个被广泛接受的、证明各项功能确实是由脑掌控的证据。但是，几乎立刻，绘制脑定位的计划被一个特立独行的尝试所改变，这个尝试试图找到心理功能和人格属性的来源。

头骨的隆起

与早期脑功能定位最为相关的人是弗朗兹·加尔（1758～1828）。作为一名医生和解剖学家，他曾于18世纪晚期在维也纳工作，但在奥地利政府迫于教会的压力，对他参与的民众示威进行压制之后，他被迫搬到了巴黎。

加尔因对颅相伪科学的开发而闻名，这一研究试图通过检查头骨的形状来发现性格的各个方面。这些工作是基于加尔的理论，即皮层被划分为27个独立"官能"，

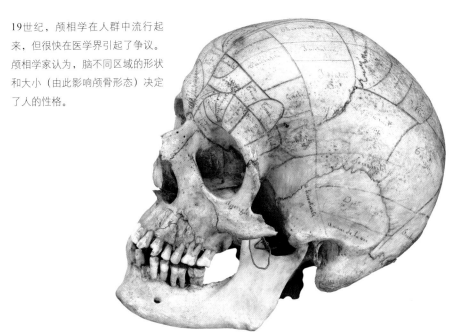

19世纪，颅相学在人群中流行起来，但很快在医学界引起了争议。颅相学家认为，脑不同区域的形状和大小（由此影响颅骨形态）决定了人的性格。

每个官能都有自己的工作职责，每个官能的大小与官能个体的发展程度和工作的卓越性有关。根据加尔的说法，当某个官能生长的时候，它会推挤头骨，在外面形成一个隆起，专家可以对这些隆起进行识别和测量。加尔将对头骨形状进行研究从而测定性格的学科称为"官能学"。他研究了一系列头骨和头骨模型，以验证他的研究方法，试图将高度发达的性格特征与不同寻常的头骨隆起相匹配。例如，"仁慈官能"的大小被认为影响着一个人的善良程度。

尽管颅相学现已被证伪，但它对于建立脑功能分区的概念有着重要的意义。此外，即使是人格特征也可以被定位的观点，在现代脑成像中重新出现。

颅相学的发展和消亡

1800年，加尔聘请了一位名叫约翰·斯伯兹姆的内科医生作为他的助手。斯伯兹姆很快就全身心投入到颅相学的研究中，加尔将他视为自己的继任者，并将他署名为自己著作的合著者。加尔和斯伯兹姆在1812年闹翻了，后来斯伯兹姆开始了自己独立的研究事业，将颅相学往前推进了一步，他将大脑官能数量增加到35个，并给这个系统分了等级。斯伯兹姆取得了成功，在欧洲巡游，发表演讲和展示。

具有讽刺意味的是，颅相学引起公众的注意并越来越受欢迎，却是由于1815年发表在《爱丁堡周报》上一篇充满诅咒的谴责性评论文章。该评论称，颅相学是一种彻头彻尾的"江湖骗术"。斯伯兹姆发表文章回应了这些批评，并在爱丁堡赢得了追随者。乔治·康比是一名律师，他看了这篇文章，起初对颅相学也充满了嘲笑，但后来成为一名追随者和直言不讳的支持者。作为唯物主义者和无神论者，康比饱受批评。他在一本名为《人类的构造》的书中写道："人的心理素质是由脑的大小、形态和构成决定的，这些都是通过遗传往下传播的。"这是一种充满争议、颇具现代化的观点，它吸收了进步自然科学家的原始进化论思想。

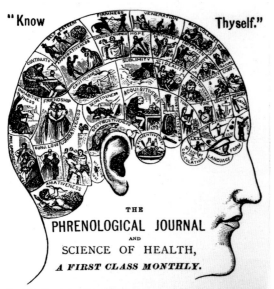

这幅图展示了脑不同区域对应着人格的不同方面。

颅相学取得了如此大的成功，以至于一些雇主引入了颅相学特征分析法，作为他们选拔人才的一种手段。颅相学的普遍传播，使得各种各样的人都以颅相学家的身份做起了生意，有些人就像加尔推荐的那样，只是用手摸摸脑袋，但有些人用卡尺更准确地测量头部的轮廓。

弗朗兹·加尔（1758~1828）

　　加尔出生在现在属于德国的巴登，后来去了斯特拉斯堡和奥地利的维也纳就读医学院。他在维也纳的精神病院找了一份工作，研究精神病人。在精神病院工作期间，他把自己的想法总结成一份完整的报告，充分阐述了脑不同区域的大小如何决定人的性格，并可以从头骨的形状"读出"性格的理论。加尔声称在他9岁的时候就有了一个关于颅相学的想法。当时他注意到，一个眼睛鼓鼓的同学对单词的记忆力比他自己强很多。他注意到，其他对语言有特殊天分的同学，也有类似的特点，于是加尔做出判断，脑中与语言有关的区域一定位于脑前庭。他认为一个发达的语言中心会把眼睛向前推挤，使它们鼓胀。

　　加尔后来开办了一个私人讲堂，举行公开演讲来向公众解释他的理论。他的观点在公众中很受欢迎，但权威专家并不看好，于是他被迫先搬到了德国，后来又去了法国。反对"官能学"的人批评加尔的观点不科学、不道德，并且违反宗教。19世纪和20世纪初的欧洲人类学家尤其抓住了这一点，因为这似乎是一种"证明"欧洲人优于其他种族的办法，从而可以为殖民者对他们征服或剥削人的残暴行为找到借口。加尔的理论在英国和法国最受欢迎，后来在北美也流行起来。

　　除了颅相学，加尔还取得了不少其他的重大发现。他是第一个确定脑灰质是功能性神经组织的人，他也认为脑是折叠的，所以它可以将很多表面区域放入一个相对较小的体积内。此外，他还证明了运动神经纤维在离开脑干并在髓质金字塔中进入脊髓时，会相互交叉。

19世纪中期，人们对颅相学的热情渐渐退去，但其真正消亡着实用了很长时间。英国的颅相学学会在1967年才最终被解散。某些能力在脑中定位在特定区域，以及重复使用可以使脑的某些部分更加发达，这两个颅相学的核心原则如今被现代神经科学普遍接受，但通过观察人颅骨上的隆起就能了解人的性格、分析脑部结构的概念已被证明是毫无根据的。

运动皮层的意义

将脑功能分区的概念为大众所接受，加尔帮助神经科学朝着正确的方向发展。然而，神经科学的进步并非始于加尔感兴趣的脑心理属性，而是来自于对运动控制的测试。

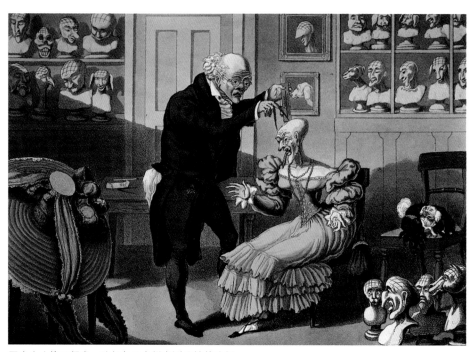

图中女人摘下假发，让加尔用卡钳来测量她的头部。

早期的一位研究人员是法国生理学家玛丽-让-皮埃尔·佛罗伦斯，他确定了兔子的呼吸中枢。佛罗伦斯是加尔和颅相学的坚定反对者，他相信所有的官能都是通过脑控制的。

佛罗伦斯的信念基于他的实验，而这些实验大部分都是在动物身上进行的。他发现，如果部分皮层受损（尤其是鸟类），要么会得到完整恢复，要么根本无法恢复：他的受试动物的能力要么都恢复了，要么一点儿也没有恢复，这表明这些能力在脑中根本没有定位。他的结论是小脑负责协调运动，髓质用来维持生命，但皮层不能在功能方面进行分区。

被狗证明的错误观点

不过，佛罗伦斯最终还是错了。在1870年的德国，精神病学家爱德华·希齐西和解剖学家古斯塔夫·弗里奇发表了将电流通到狗的皮层的实验结果，实验是在希齐西卧室的梳妆台上进行的。

希齐西发明了一种设备来给他的病人实施治疗性电击。他发现，如果他把电流应用到病人的后脑部，他们的眼睛就会移动，而且这个过程有着可靠的可复制性。这促使他进一步展开研究——这就是狗实验的来源。希齐西和弗里奇用一种非常小的电流通到狗的皮层的不同部位，并记录了狗做出的相应运动。

他们发现，可以区分出那些致使前爪、后爪、面部和颈部运动的小区域。在所有的情况下，狗身体的一侧活动都是在刺激到狗脑对侧的时候发生的（狗脑左侧的刺激会在狗身体的右侧产生相应

爱德华·希齐西（中间蓄须戴眼镜者）和古斯塔夫·弗里奇（坐位者）。

的运动）。他们得出的结论是，只有部分皮层跟运动反应有关，而且往往位于脑的前部。这些反射中心很小，并且对非常微弱的刺激都能做出反应。希齐西和弗里奇还发现，如果他们切除或破坏了控制前爪的皮层区域，那么前爪的感觉反应并不会受到影响——他们发现这个区域只处理运动控制。

细节

苏格兰精神病学家和神经学家大卫·费瑞厄（1843～1928）在19世纪70年代将上述研究工作往前推进了一步，他主要是在猴子身上进行实验，过程中使用了更弱的电流，并绘制出了猴子运动皮层区域非常详细的分析图。他在鱼类、两栖动物和鸟类身上的研究未能发现任何运动皮层的反应来支持佛罗伦斯在动物身上的发现（遗憾的是，他将这个并不确切的研究结论扩展到人类身上）。他继续去探索嗅觉和听觉的脑区域。

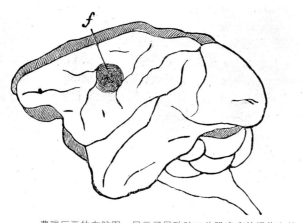

费瑞厄画的左脑图，显示了导致肱二头肌麻痹的损伤之处。

费瑞厄对脑分区的详细绘图很快就被神经外科医生使用了，他们的发现反过来又反馈到脑功能的绘图中。

语言功能在脑前部的定位

19世纪中期，在费瑞厄研究运动皮层之前，认为脑有功能分区的观点和那些跟随佛罗伦斯并相信功能由脑控制的观点呈两极分化状态。那些支持脑功能分区的人受颅相学污名的影响，在医学领域从来都不受欢迎。正是在这种背景下，一系列法国医学从业者努力证明，至少有一种独特的人类属性在脑中有着非常精确的坐落点。

对颅相学开战

19世纪中期，越来越多的证据表明，语言的丧失往往伴随着脑前部的损伤。法国医师让-巴蒂斯特·布约1825年宣布了他的发现：额叶的病变导致清晰发音的丧失。布约早年曾是一名颅相学爱好者，但后来与之远离，潜心研究脑功能的定位。他收集了大量的病例（他是第一个使用大数据集的脑科学家），并得出结论，语言中心位于脑的前部。他甚至在1827年演示，如果他破坏了狗脑前部与中部之间的位置，狗就失去了吠叫的能力。

脑功能定位和颅相学的结合使其他专业人士感到焦虑。批评人士指出，一些脑前部受到损伤的人并没有在语言上受损。布约并没有精确地给语言功能定位，所以这种脑功能定位与颅相学的关联仍然很薄弱。1848年，他以500法郎作为奖励，发起了著名的公开悬赏挑战，看谁能找到一个丧失语言能力但额叶并无损伤的病人。该奖项最终于1865年颁发给了法国解剖学家和外科医生阿尔弗雷德·韦珀，他的一位病人的额叶被癌症肿瘤

让-巴蒂斯特·布约是提供证据证明语言能力位于脑前部的第一人。

摧毁或移位，但仍具备说话的能力——然而，那个时候，语言中心已经被确定了。

不成功的自杀

1861年，法国医师欧内斯特·奥伯丁描述了一位朝自己头部开枪自杀的病人。病人的部分头盖骨已经被枪打爆了，但还是存活了几个小时，其间，奥伯丁在他裸露的脑上进行了实验。（神经学发展的早期，医学伦理学似乎还没有发挥太大作用。）奥伯丁发现，如果他在病人说话的时候用抹刀按压脑的前部，他就会停止讲话，当他减轻按压时，病人又能开始说话了。

脑袋大就是有头脑吗

奥伯丁在巴黎的一个人类学家协会的会议上陈述了他的发现。他认为，如果一个单一的脑功能定位的例子可以被确认的话，那么有关这个话题的争论就会停止。遗憾的是，没有人注意到他的案例。在同一次会议上，还有人提出了一项颇具挑衅性的陈述。解剖学家皮埃尔·格拉蒂奥莱描述了一个北美托托纳克印第安人的巨大头骨。这引发了一场关于人类智力是否可以从脑的大小来判断的激烈争论。

会讲故事的死人

保罗·布罗卡医师是对奥伯丁的发现感兴趣的人之一。1861年，布罗卡收治了外科病房一位濒临死亡的病人——路易斯·勒博恩。勒博恩已经在巴黎的比赛特尔医院住了21年，但直到发现他有坏疽病之后，才开始引起布罗卡医师的注意。21年前，勒博恩失去了连贯说话的能力，他同时还患有癫痫。在医院待了10年之后，他身体右侧出现瘫痪，视力也出现了恶化。在过去7年里，他一直无法（或不愿）下床。布罗卡是一位语言病变专家，他对勒博恩残疾病变的兴趣远超过他的坏疽。他在书中写道："他只能说出单个的音节，而且通常会连续重复两遍；不管问什么问题，他总是回答'tan，tan'，再加以各种表情，于是整个医院里，大家就都

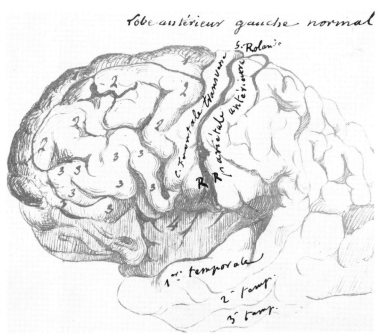

布罗卡的大脑绘图，表明了他对语言功能在脑中定位的看法。

用'Tan'来称呼他了。"

流畅的语言表达能力的丧失现在被称为布罗卡失语症。然而，患者往往保留了对语言的理解能力，至少在某种程度上是这样。

勒博恩不久就去世了，布罗卡进行了尸检，在其额区（更准确地说是在后额下回处）发现了一个大块的病变。几个月后，布罗卡看到另一个失去了说话能力的病人——84岁的拉扎尔·勒隆只能说几个字。勒隆死后，布罗卡发现他的脑损伤区域与勒博恩的相同。于是，他得出了明确的结论：语言的使用局限于脑的某个特定部位，更深入一步讲，可以分解为口语词汇的生产能力、遣词造句的表达能力和语言的理解能力。其中一种能力的破坏并不妨碍其他能力，所以脑功能分区是非常详细和具体的。

布罗卡直到1864年才发表了他的全部发现，在那时他已经针对25个病人（或脑）做过实验，基本可以确定他的结论是对的。他是一位非常受人尊敬的医生和解剖学家，所以他的发现被广泛接受。而接受他的结论也意味着，之前表明语言功能可能在脑前部的各种迹象和发现，在很大程度上都被忽视了。之前的医学界对任何带有颅相学意味的东西都存在不情愿或不信任的态度，这一切都被布罗卡的名声和他有力的证据及推理所驱散。此外，他还小心翼翼地指出，他并不是说语言能力是在与盖伦所说的相同的地方发生的。在布罗卡的引领之下，脑功能分区成为大家普遍接受的主流观点。直至今日，脑中对语言功能至关重要的区域仍被称为布罗卡区。

在勒博恩去世两年之后，布罗卡指出，影响语言能力的病变通常发生在脑的左半侧，接着在1865年，他提出了更具说服力和准确性的说法。他继续与更多的病人一起来攻克这个问题，最终确定了四种不同类型的语言丧失问题，并将布罗卡失语症与后额下回的损伤联系起来。

再学习

布罗卡所研究的许多失语症患者都活了下来，而且正确讲述了他们的经历。

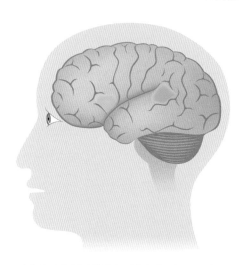

布罗卡发现在几周时间内，通过适当的鼓励和治疗，他的一些失去语言功能的病人又学会了说话。他们显然是选择使用了脑的不同部位来完成布罗卡语言区的工作。布罗卡猜测，这应该是脑另一侧的相应区域。所以有人认为，现代关于脑可塑性的观点始于布罗卡和他失语病人的发现。

布罗卡区靠近脑的前部（蓝色位置），而韦尼克区靠近脑后部（绿色位置）。

左，右，左

布罗卡遇到了一些右额叶有损伤并伴发失语症的病人。他提出了两种可能的解释：如果一个人的左额叶受到了损伤，那么他的语言能力可能会转移到脑的右侧；或者在左利手人群中，语言中心自然位于脑的右侧。而如今众所周知的是，布罗卡区域几乎都在人的脑左侧，不管这个人的用手习惯是左还是右。

另一个区域

事实证明，语言功能以及语言功能的损失实际比看上去的要复杂得多。布罗卡所描述的失语情况当然不是唯一的类型，而失语症状并不总和额叶的损伤有关。1874年，德国神经学家卡尔·韦尼克指出，在脑后部的另一个区域，与现在被称为韦尼克失语症的失语现象有关。罹患这种失语症的病人仍然可以用看似合理的语法把单词串在一起，但是却无法理解其意义，所以这些话语是没有意义的。这表

言语治疗通常可以帮助病人在创伤性脑损伤后恢复或改善他们的语言功能。

明语言能力和处理过程的两种形式，包括语言的产生，即声音的物理发音（布罗卡区），以及单词与意义的联系（韦尼克区）两项内容。韦尼克绘制了连接布罗卡区和脑后部的脑绘图（在颞上回处），将这一区域与语言的意义联系起来。这个区域现在被称为韦尼克区，但是最近的影像技术显示这个区域可能不确切（或不仅）是韦尼克定位的地方。

历经岁月的两个脑

当时布罗卡不深入切进脑内部的决定，给后来的研究人员带来了极大的裨益，却限制了他自己的发现。勒博恩和勒隆的脑被保存下来，此后被不少现代神经学家研究过。2007年，勒隆的脑第一次接受扫描，而勒博恩的则是第三次。从高分辨率的磁共振成像（MRI）扫描影像片上看，脑损伤面积比布罗卡当时报告的更大。这两个大脑中，病变不仅影响了布罗卡区，还影响了上侧的神经纵束，这是一束连接额叶和脑后部的神经纤维束，这里所说的脑后部就包括韦尼克区——另一个与语言和理解相关的区域。因此，布罗卡区的损害可能不是造成病人言语损失的唯一原因。

脑的可塑性

脑在受到损伤后，恢复、适应和调整变化功能位置的能力被称为可塑性。被破坏的神经元旁边的神经元，就被证明可以长出新的连接物并重溯原始的处理路径。在某些情况下，相反脑半球的相应区域也可以承担受损部分的功能。脑的康复有赖于康复治疗，而且必须尽早开始，并严格守规以加强新路径的生长。脑成像技术可以显示脑的哪些位置已经接管了最初由受损部分所执行的功能。

英国神经学家约翰·休林斯·杰克逊对这一事实很感兴趣，就像早年布罗卡指出的，即便失语症患者丧失了其他所有清晰表达的语言能力，他们也能经常流利地咒骂。他质疑，下意识使用语言和有意使用是有区别的，语言的下意识使用功能可能集中在脑的右侧，精深的、有意识的语言功能则主要集中在脑左侧（也可以支配自动使用功能）。这意味着脑的两个半球在功能上并非完全不同，但左半球的是语言功能的主导。如果损失了左脑的语言功能，右脑只能启动下意识的语言功能，此时，语言只是一种情感上的反应，而不是交流的方式了。

杰克逊也提出了这样一种观点：有意识的语言能力位于脑左前部位，而知觉和感知能力（例如导航）则位于脑右后方。为了支持这一观点，他提供了临床证据，那些脑右侧受损的病人无法识别人或地方。其中一位病人很快就去世了，尸体解剖显示他的右颞叶后部有一处损伤。

左脑还是右脑

这些发现引发了一场关于左右脑半球功能是否不同的重大争论。关于这一点，最早的推测是在一篇匿名论文中发现的，这篇论文的思想是基于公元前4世纪的希腊医生狄奥克勒斯的相关观点。狄奥克勒斯（或者至少是匿名论文）声称"头部的两个脑"，右边的负责感知，而左边的则负责理解。（这一观点中，心脏也有所涉及，这与当时希腊人的普遍信仰是一致的。）即便如此，直到19世纪，人们仍普遍认为脑的两个半球在形式和功能上几乎是等同的。

1865年，布罗卡明确表示，人的语言功能分布在脑左侧的额叶部位。这对那些彼此独立但又具备相关性的争议造成了冲击：人的各项功能是否位于脑中，两个脑半球是否不同或相同，以及它们之间是如何相互联系的。在布罗卡的发现之前，人们认为脑的两个半球是对等而独立的器官，就像左眼和右眼、左耳和右耳，左右是一样的，可以独立运作。

两个思想

18世纪晚期到19世纪早期，一个新的说法开始流行起来。1780年，梅纳德·杜培提出，我们有两个思想，分别分布在脑的左右半球，就像我们有其他成对的器官和身体部位一样。1826年，卡尔·伯达奇提出，脑的左右两部分由胼胝体相连接，胼胝体是位于两个脑半球之间的一组宽厚的神经纤维。1840年，维多利亚女王的私人医生亨利·霍兰德写了一篇关于脑双重性的文章。他强调，连接两个脑半球的神经束（被称为接合处），使两部分的工作保持协作一致的状态。在这个理论中，两个脑半球之间的不平衡或它们之间的沟通失败可能导致精神疾病或癫狂。这种关于癫狂状态的解释偏向于生理学的角度，即脑的生理功能紊乱，而不是精神的紊乱。

谁来主导

对脑两侧的思考很快就变成了脑半球和用手习惯导致的大小方面的细微差别（不管人们喜欢用左手还是右手）。19世纪中期，法国生理学家皮埃尔·格莱托和弗朗索瓦·勒雷特声称，脑左半球较右侧发育在先，而且在发育过程中所占重量也要多一些。他们的假设先一步宣称了左右脑哪个更占主导地位，因此，大多数人都是右利手。

双重人格者

在罗伯特·路易斯·史蒂文森的中篇小说《化身博士》（1886年出版）中，作者探讨了一个人有两种截然不同的人格的概念。虽然可敬的亨利·杰基尔是一个全面发展的、最优秀的、有道德的、有智慧的人，但他的另一个自我——海德先生是粗俗的、不道德的、暴力的、完全自私自利的人。书中清晰地表达了脑左右两边的想法是并行的。海德表现得像疯了一样，虽然最初他的表现是在杰基尔的控制之下，但他最终还是自发地浮出水面，控制他变得越来越困难，最后到了不可抑制的地步。

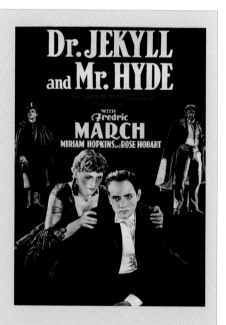

在19世纪的最后几十年里，脑的不对称甚至被用来支撑欧洲白人男性的优越感。人们普遍认为，在研究中发现，脑的对称性与智力或脑力发育有关。所以人类的脑是不对称的，但是，当我们顺着"进化树图"往下看时，我们也会发现越来越少的动物的脑是对称的。更有争议的是，有人认为"低等种族"和女性的脑比白人更对称，儿童的脑比成人的脑更对称。英国医生约翰·奥

左利手在很多时候和很多地方都会遇到一些不必要的麻烦。

格尔得出结论，通过教育、学习，幼儿脑上左右对称的肠曲会逐渐变得不对称。（他似乎没有想到，他的观点揭示了一个事实：女性和其他种族的自卑感，是因为他们没有得到与白人男性相同的教育权。）

对脑不对称性的兴趣，引起了许多比较头骨和脑尺寸的研究，以确定一个脑半球是否比另一个脑半球更大，一些人就发现左脑半球的面积略大于右脑半球。

都是右脑的错

人们一致认为，脑中左脑占支配地位并且容量较大是文明有礼和受过教育的人的标志，这让脑的右侧处于尴尬的境地。它表明，更大的右脑是一个没受过教育的白痴或野蛮人的标志，这正是一些人得出的结论。1879年，法国神经解剖学家朱尔斯·卢斯指出，在癫狂状态下，脑的右半部分的确比左边大。他在脑的右侧找到了人的基本本能。后来，人们就很容易把左脑和道德、智慧联系在一起，同时把右脑与忧郁、愤怒（最好情况下），甚至不道德（最坏情况下）联系在一起。

有人认为，左右脑的不均衡、不平等可以得到解决，右脑可以通过接受教育大为改观。毛里求斯神经学家查尔斯·夏尔提出了一个教育项目，鼓励孩子们均衡地交替使用左右手，因为他认为增加使用左侧肢体会促使右脑的发育和生长。另一种更普遍的做法是强迫左利手的孩子使用右手。第一种做法遭到了詹姆斯·克赖顿·布朗的批评，他指出人类文明史是建立在右手的基础上的，我们应该顺其自然。第二种做法延续到了20世纪晚期，尽管1912年发布的证据表明，强迫左利手使用右手的行为既不成功又有害处，而且可能导致口吃。有趣的是，1906年J.赫伯特·克莱本提出，应该鼓励患有阅读障碍的儿童发展使用左手，试图让脑的右侧接管左侧明显混乱的词汇功能。

脑分区研究的继续

一旦脑功能定位和左右脑有别的原理被普遍接受之后，人们越来越多地将人体机能与脑的特定位置或左右脑相关联起来。将脑功能定位理论又往前推进了重要一步的是德国神经学家科比尼安·布罗德曼（1868~1918）的研究。在研究脑结构和组织时，他绘制了一张有52个分区的脑图，分布在11个脑组织区域（展示了不同脑组织的差异性）。他的研究方法是基于皮层神经元的细胞结构组织——神经元类型的排列、它们的分布方式，以及如何叠加在一起的。后来的神经学家重新定义和更加精细定位了这些区域，但是布罗德曼的脑分区系统仍然是最为广泛使用的脑细胞结构系统。随后的研究则将几个具有特定功能的区域重新联系起来。

除了这些原理本身，19世纪还建立了使用功能障碍和解剖作为研究理解脑功能的方法。在脑成像技术出现之前，这些方法是能够推断出脑的工作状态是否正常的最容易的手段。认知功能受损或身体功能受损和脑损伤之间的相关性为脑功能定位提供了唯一的实例证据。直到20世纪，

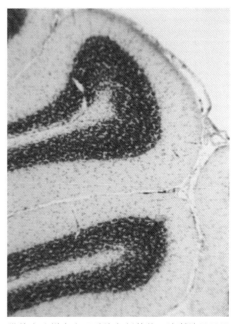

猫的小脑样本中尼氏染色剂的使用清晰地显示了神经元的细胞体，染色的区域便是这些神经元细胞体。

当复杂的脑成像技术最终能够对脑活动进行详细的扫描测绘时，这种情况才得以改变。

懒惰的脑？

有一种普遍的说法，认为我们平常只用了10%的脑。目前还不清楚这一说法的起源，但在19世纪后期之后的广告和自助手册中就可以看到它。这一说法在类似的环境中经常被提起，用来推广那些声称可以破解或开发其余脑力的方法和产品。但这完全是一个虚妄之谈。用现代扫描技术对脑进行探查，在一系列刺激下，即使在睡眠中，也没有发现脑的任何重要部分是懈怠的。对脑的损伤至少在短期内会造成问题，直到造成损害的路线重新建立起来。没有人会选择失去90%的脑，而只使用剩下的10%。况且，进化原理也不允许我们浪费一个消耗如此多能量的器官：脑是身体总重量的2%左右，却会消耗20%的氧气，所以脑一定在用它消耗的所有氧气在做功！

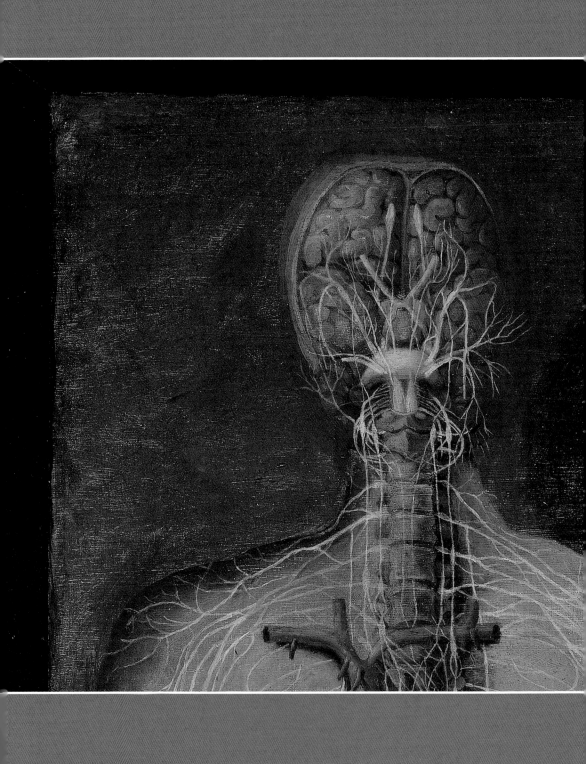

第四章

是一束神经吗

如果神经这种物质在很多地方都是纤维状的，那你必须承认这些纤维是以最精妙的方式配置起来的，因为我们所有感知和运动的多样性都依赖于它们。

——尼古拉斯·斯坦诺，1668年

神经负责将信息传递给脑以及从脑向外传出，这一事实即便对早期的盖伦来说都是显而易见的。然而，神经究竟是如何工作的，探究起来却不是一件容易的事情。

一个站立的人体图像，显示了脊柱、神经、心脏和脑（源自1765年）。

信息传输网络

如果脑控制着身体，并从感官中获取信息，那么它一定以某种方式与身体的其他部位（以及脑本身）进行交流。这种机制是由神经网络提供的，它将脑和脊髓与身体的各个部位相连接。身体的神经——周围神经系统（PNS）——比脑内部的连接更容易被了解，所以人们首先研究的就是身体上的周围神经。人们可以小心翼翼地将其解剖出来，露出大量肉眼可以看到的神经纤维。

神经的发现

在公元前3世纪，古希腊外科医师希罗菲卢斯对周围神经加以认定，而盖伦在公元2世纪也对感觉神经和运动神经这两种神经进行了区分。盖伦认为脊髓是脑的延伸，而神经则从脊髓处分叉生长，进入四肢，在那里它们可以接收感知或将意志指令从脑传输到肌肉。

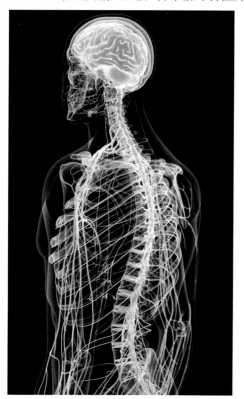

神经从脊柱中延伸出来，抵达并司职身体的各个部位，这个网络被称为周围神经系统。

盖伦错误地认为神经是中空的。这不是他通过观察得出的结果，而是因为他相信神经的工作方式是把"动物精神"从脑传导到身体，所以它们必须是空心的。盖伦认为脑就像一个工作泵，收缩的时候会把精神"普纽玛"通过脑室从脑的前部推到后部，然后进入肌肉的运动神经。这解释了身体内部发生神经传输的极端速度，他评述道，脑在规划行动意图和身体的实

神经科学发展时间轴 > > >

公元前—14世纪 | 前神经科学时代

约公元前1700年，艾德文·史密斯的纸莎草纸成文，是人们公认的最早的医学文字记载，不过上面的内容可能转述自更早的1000年前。其内容表明古埃及人曾一度意识到脑在控制身体方面的重要性 ▶

公元前425年，希波克拉底发表有关论》，认为脑是所有知觉的源泉，其

公元2世纪，古罗马医师盖伦确信脑是控制人体的最重要的器官。通过给角斗士治疗，并通过切断猪的喉神经实验，首次证明了是由脑来控制行为的 ▶

公元前5世纪，古希腊哲学家阿尔克迈翁对人体视神经进行了解剖，将脑描述为处理知觉以及组织思维的中心。他是公认的、以揭示人体机能为目的进行人体解剖的第一人

14—19世纪 | 缓慢探索时期

1664年，英国医师托马斯·威利斯出版了他的专著《脑解剖学》，并创造了"神经学"一词。他在揭示脑结构方面做了重要的工作，试图找出他所看到和描述的脑不同领域的不同功能，并将墨水滴入血管，追踪血管在脑周边以及经过脑时的路径。从此以后，人们便一致赞同身体功能和精神功能是由脑控制的，标志着现代神经科学的出现 ▶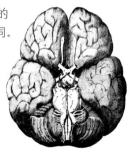

1710年，法国军事外科杜·佩蒂特通过对病人的动物精神通过神经束从脑1727年，他将研究推进中穿过的神经，到达大脑他第一次确立了运动皮层最基本的偏侧性研究，提体的另一侧，并接收身体

1929年，德国精神病学家汉斯·伯杰发明了脑电图（EEG），证明癫痫发作可能与电有关 ▼

1939年，英国生理学家艾伦·霍奇金和安德鲁·赫胥黎使用乌贼中发现的巨型轴突测试了"动作电位"模型 ▼

1921年，德国生理学家奥托·洛维实验证明了生物电和化学物质是如何在神经冲动的传导过程中协同工作的 ▲

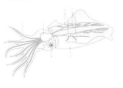

21世纪 | 走向未来的神经科学

目前，人工智能还远未达到真正的智能。一种使用人工神经网络的方法旨在改变这种状况。它试图模拟人脑在学习过程中强化或削弱神经连接的方式。一个人工神经网络有一系列的神经单元，通过接触许多例子或情况来"学习"，并在此过程中形成自己的连接 ◄

测量或利用脑活动可用于帮助残疾人控制周围环境或说话。但是，检查脑活动也可以用来判断某人是否在说谎，解读甚至改变他们的想法

2014年，美国加州大学的研究人员利用老鼠，成功地实现了消除记忆和增强记忆。他们使用了一种光遗传学的技术，将感光基因添加到神经元上，然后通过对神经元发出强光来激活神经元 ►

语言的使用
语词汇的生
种能力的破
的。在布罗

1884年，以癫痫病研究见长的约翰·休林斯·杰克逊，最终否定了人类身心工作都需要某种灵魂或形而上学之物的说法。他认为脑和精神是不同的概念，但彼此平行运作；它们之间没有因果关系，但遵循相同的运行路径。他借鉴了新发现的能量守恒定律，认为神经系统由一组分散的器官共同作用，采用"共存法则"，有效地将神经学从其他学科中释放出来，成为一门独立的临床学科 ◀

1894年，西班牙解剖学家圣地亚哥·拉蒙·卡哈尔的研究发展出神经元学说。神经元是神经系统最基本的结构和功能单位，相互连接的神经元提供了传递神经信号的手段。他阐述了神经元学说的第一个原则，为现代神经科学的发展奠定了基础，被称为"神经科学之父" ▶

")
脑
发
结
活

1990年，磁共振成像（MRI）由日本研究员小川诚二开发。MRI现在最常见的形式是fMRI，它能显示脑活动，当受试者受到刺激或进行活动时，能精确定位脑中"点亮"的区域。与PET不同的是，fMRI可以在较长时间内监控脑，因此在受试者执行更复杂的任务时也可以使用。PET扫描的时间受到放射性物质半衰期的限制

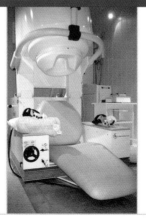

脑磁图（MEG）在20世纪60年代发明了超导量子干涉器件（SQUID）后才成为可能，并在80年代发展成为有用的标准。MEG被用于神经学研究，精确定位脑活动的位置，经常与fMRI联合使用 ◀

癫痫病的专著《神圣疾病
中包括愉悦和悲伤

约公元390年，希腊基督教哲学家和主教尼梅修斯建立了一种脑室定位学说。这个学说中，他提出脑由三个脑巢组成，这些脑巢与脑室对应（侧脑室结合成一个脑巢），每个脑巢负责不同类型的认知或感知能力◀

11世纪早期，阿拉伯医学哲学家伊本·西那将神经描述为"白色、柔软、易弯曲、难以撕裂的"，并试图追踪它们在人体内的路径，找出它们的各种功能▶

生弗朗索瓦·波弗·
观察得出结论，脑的
一侧贯穿到另一侧。
一步，追踪髓金字塔
皮层的源头。由此，
的存在。这是脑功能
示了脑的一侧控制身
另一侧的信息输入

1780年，梅纳德·杜培提出，我们有两个思想，分别分布在脑的左右半球，就像我们有其他成对的器官和身体部位一样。1826年，卡尔·伯达奇提出，脑的左右两部分由胼胝体相连接，胼胝体是位于两个脑半球之间的一组宽厚的神经纤维。1840年，亨利·霍兰德写了一篇关于脑双重性的文章◀

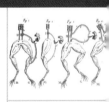

19世纪，颅相学
学界引起了争议。
状和大小（由此影

14—19世纪｜缓慢探索时期

1543年，比利时著名解剖学家维萨里挑战了三脑巢理论，在《人体的构造》一书中发表了复杂的脑解剖图。图中的头部皮肤被剥去，以显示大脑皮层和由裂沟分隔开的两个脑半球。维萨里是第一个发表复杂脑解剖图的人 ◂

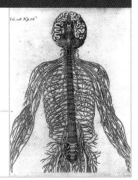

1662年，勒内·笛卡尔去世后，其著作《论人》得以出版，书中给出了人脑和神经系统的描绘，他提出了人体机械论，并选择了松果体作为肉体与灵魂连接的实体 ▸

780年，路易吉·伽伐尼用青蛙实验证明了肌肉和神经有一种内在的电力。他把他新发现的力量叫作"动物电"。他进行了神经科学和电生理学领域的第一次实验 ◂

中流行起来，但很快在医学家认为，脑不同区域的形态）决定了人的性格 ▸

1836年，德国生理学家加布里埃尔·瓦伦丁是第一个描述和绘制神经元的人。最终显示，脑的组成物不仅仅是大量的白质和灰质——它由神经元的组成部分拼凑而来，而神经元不会全部显露出来 ▸

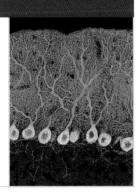

14—19世纪 | 缓慢探索时期

1848年，德国生理学家杜布瓦·雷蒙设计了一套验电设备，发现并展示了现在所知的神经的"动作电位"，证实神经传导确实是以一种电流的形式沿着神经传递，刺激肌肉收缩

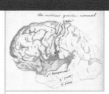

1864年，保罗·布罗卡发表了他的全部发现，得出结局限于脑的某个特定部位，更深入一步讲，可以分解产能力、遣词造句的表达能力和语言的理解能力。其坏并不妨碍其他能力，所以脑功能分区是非常详细和

卡的引领之下，脑功能分区成为大家普遍接受的主流观点。直至今日，脑里对语言功能至关重要的区域仍被称为布罗卡区 ◀

1870年，德国精神病学家爱德华·希齐西和解剖学家古斯塔夫·弗里奇发表了将电流通到狗的皮层的实验结果，得出的结论是，只有部分皮层跟运动反应有关，而且往往位于脑的前部 ▶

19—20世纪 | 独立学科发展时期

20世纪60年代，切断胼胝体被证明是治疗严重癫痫的有效方法。美国神经心理学家罗杰·斯佩里研究了11名"大脑分裂"患者，以研究脑半球通常是如何共同运作的。斯佩里因研究裂脑病人而获得1981年的诺贝尔奖 ▶

1971年，第一台操作性计算机辅助断层扫描术扫描仪问世。第一次扫描帮助诊断了一个41岁瘤，然后肿瘤被外科医生切除。大约在CAT扫的同时，PET也出现了。通过将PET扫描和CA合起来，就有可能在脑的结构图上叠加不同动，显示在哪里发生了什么 ▲

际行动之间似乎没有时间间隔。

盖伦曾多次寻找穿过运动神经的通道，却无法在其中找到任何空间，唯一能找到的空心神经是牛的视神经。他的"空心神经"概念认为神经中充满了进出脑的"普纽玛"，尽管在神经结构中没有足够的证据支持它，但仍持续流传了1500年之久。

敏感的头脑和钢铁般的意志

盖伦还认为，感觉神经和运动神经在生理构造上是不同的，它们的不同功能清晰地反映在了它们的构造上。盖伦认为运动神经更加坚韧一些，因为这些神经必须将意志的力量从脑传递到肌肉。脑收缩时将"普纽玛"挤进神经管，因此这些神经必须承受这些压力。那些意志最坚强的人一定有着最坚韧的神经（因此有了"钢铁般的神经"这个说法）。他认为运动神经植根于脑的后部，并通过脊髓扩散开来。

相比之下，他认为感觉神经是柔软的，就像蜡一样，因为它们需要携带、传输对感知对象的印象。这些印象在感觉器官的神经上产生，比如眼睛，然后被带到脑的前部。所有五种感官的印象都聚集在一起，由"共通感"（或者说"常识"）来处理，从而形成了对物体的感知。盖伦确信，感知并不是在感觉器官中发生的，正如他从临床经验中所知道的那样，脑的损伤有时会损害感官知觉，即使感觉器官是健康、无损的。

特殊任务的特殊神经

盖伦的理论在中世纪的整个欧洲几乎没有变化。解剖的运用和观测的成果在其中增加了一些细节或改进，但对核心理论没有做出重大改变。阿拉伯医学哲学家

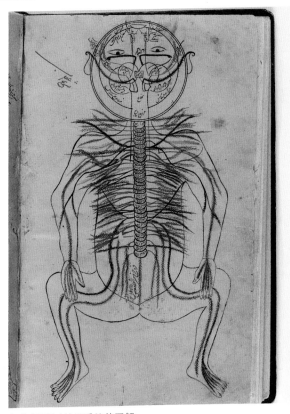

伊本·西那对神经系统的图解。

伊本·西那在11世纪早期将神经描述为"白色、柔软、易弯曲、难以撕裂的",并试图追踪它们在人体内的路径,找出它们的各种功能。但他和亚里士多德一样,认为心脏是人体的控制中心,所以他一开始就走错了路。

尼古拉斯大师写了大约1150篇文章,其中留下了一篇解剖学的文章,对当时关于神经和大脑的各种学说进行了有益的总结。他的总结不可避免地在很大程度上是基于盖伦的理论引导。他重复了一种人们熟悉的观点,也认为感觉神经发源于脑前部的"逻辑脑巢",而运动神经则位于脑后部的"记忆脑巢"。但他接着陈述道,感觉神经被分为五种不同的类型,它们携带着与五种感觉有关的信息。后来,这造成了一个相当大的分歧:是所有的神经本质上都是一样的,但是携带着不同类型的信息(或精神),还是它们因为携带的信息类型不同,而有专门不同类型的神经?或者说"信息"其实都是一样的,但根据来源的不同而被脑分成了不同的类型?

尼古拉斯大师意识到,神经功能是交叉实现的,所以那些左脑的神经掌握的是身体的右侧,反之亦然。他描述了两种源自视像脑室的神经如何进入前额,然后交叉,最后左脑的神经与右眼相连,右脑的神经与左眼相连。连接耳朵的一对神经也是这样。(因为他认为这些神经起源于脑室,并没有意识到左脑与身体的右侧有关，反之亦然——神经似乎都从"逻辑脑巢"这同一处发源，却走了一条相反的道路。）他同时描述了神经是如何分支的，有一根较粗的神经进入手臂和腿上，然后分成更小的分支，延伸到手指和脚趾。

> 通过神经，感觉的路径就像树根和树纤维一样遍布周身。
>
> ——亚历桑德罗·贝内代蒂,1497年

根据尼古拉斯大师的说法，运动神经主要用来掌控肢体的移动，尽管他认为它们还有一些探测、触摸的小功能。这再一次证明，神经是交叉的，它们源自脑的一侧，却终止于身体的另一侧。他描述了他所声称的在颈部区域出现的神经与它们终止的地方，以及在背区和它们所服务的身体部位出现的神经。他特别指出，尽管神经不负责说话，但人们需要它们发出声音来形成语音。他说，第六背椎出现了一对神经，进入肺部并通过肺部区域，然后再回到舌头上。他陈述道，如果这些神经过于短小，那么这个人将无法发出字母"r"的音；如果神经太长，那么这个人就会口齿不清。这可能是第一个暗示神经的先天状况会对身体机能产生影响的说法。

未来几个世纪，盖伦遗留下的思想终将受到挑战。虽然很长一段时间内，人们仍然根据盖伦对神经的描述来解释解剖的证据，但最终这种情况被证实是不合理的。

思维的管道

信息传递到脑或思想与信息在脑中传播的方式很难被发现。与血液不同的是，神经没有明显的运动介质。血液在血管中流动，如果溢出就可以看到。神经承载着"动物精神"或某种形式的"气"这种观念之所以能持续如此之久，正是因为我们没有充分的理由去否认它。切开人体后，我们在神经中看不到任何东西在移动。但不可否认的是，灵魂是无形的。没有可见的通道是一个研究障碍，但不是一个不可逾越的障碍，也有可能它过于精致微小，所以我们还无法看到。

空心还是实心

盖伦认为神经是空心的，否则它们就无法承载精神。这是一个观点指示理论的很好的例子，即使它没有证据支持。1520年，意大利医生亚历山德罗·阿基里尼写

安德里亚斯·维萨里画像。

道："神经是轻而窄的，以便很好地接受和传递精神，最后为人体服务。"他没有具体说明神经是空心的，但是他也不否认。

潮流终于转变。一位解剖大师安德里亚斯·维萨里反驳了盖伦的思想。他在1543年的《人体的构造》一书中说："我从未见过这个'通道'，即使在视神经中也是如此。"此外，他指出，在人脑中并不存在盖伦描述的"奇网"这种血管网，并且脑室也并不像盖伦描述的那样。在接下来的一个世纪，爱丁堡大学的医学院学生约翰·莫尔在他的演讲中提出："神经内部没有可被探知的空洞，神经就像静脉和动脉一样。"

然而，尽管有这一发现，空心神经的概念仍然存在于大众和许多科学家的想象之中。也许一个原因是：即使我们在神经内部看不到空心的通道，但是我们也没有其他的对神经的假设了。如果神经没有携带灵魂或精神这一类虚无缥缈的东西，比如气，那么它们到底携带了什么？神经是如何使肌肉运动或将感觉的印象传递到脑的？当我们没有办法找到答案去替代这种理论的时候，我们就很难拒绝它。

从自动装置到气球理论

正如我们所看到的，笛卡尔认为人体是一种机制。由于他仍然相信盖伦的空心神经理论，所以他可以很容易地运用他在凡尔赛自动机中观察到的水力学和液压原理，来阐述神经起作用的方式：

"现在这些灵魂进入了脑的腔体，因此它们从那里进入脑容物的毛孔，并从这些毛孔进入神经；当进入毛孔的时候，它们有能力改变肌肉的形状，并通过这种方式在所有部位引起运动。正如你所看到的，仅凭流水的力量……就足以使国王花园的洞窟和喷泉里的各种机器，根据管道的布置而移动。"

（声明）这一类人，从未仔细研究过身体的结构，身体是上帝这位万物创造者的杰作。他们的观点是由不同时代的人的不同观点所决定的，都是想象的产物，而不是与严肃的事实相结合的东西。

——安德里亚斯·维萨里，1543年

笛卡尔用一种简单的液体代替了盖伦的动物精神理论，这种液体的作用和其他理论使用的模型的作用是一样的。盖伦从来没有对灵魂的本质做过明确的描述——它更多的是一种概念而不是一种现实，例如，灵魂通常被认为是没有重量的。相反，笛卡尔设想了一个具有质量和体积的非常真实的物质。它可能是液体，也可能是"风"或"火焰"，但它遵循的是水力学定律。笛卡尔认为，运动神经将液体输送到肌肉中，从而使肌肉体积增大，产生运动。你可以理解他是如何得出这个结论的——只要弯曲你的手臂，观察肱二头肌的隆起，你就可以看到收缩肌肉后体积的明显增加。

笛卡尔还首次解释了反射行为是如何起作用的。他解释说，反射行为是由一种刺激物引起的，它像是拉动了一根细绳，然后打开脑的一个通道，让液体流入神经，进而流入肌肉，导致身体远离刺激。通过这种方式，整个过程都基于力学，避开了任何涉及心灵或灵魂（他自己提出的"精神实体"）的需要。这是完全恰当

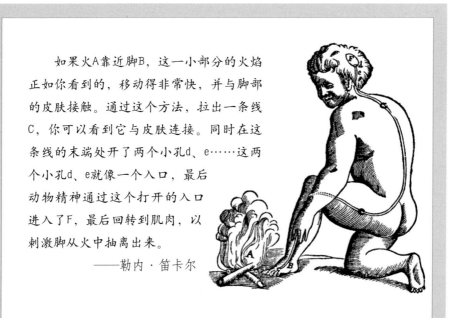

> 如果火A靠近脚B，这一小部分的火焰正如你看到的，移动得非常快，并与脚部的皮肤接触。通过这个方法，拉出一条线C，你可以看到它与皮肤连接。同时在这条线的末端处开了两个小孔d、e……这两个小孔d、e就像一个入口，最后动物精神通过这个打开的入口进入了F，最后回转到肌肉，以刺激脚从火中抽离出来。
>
> ——勒内·笛卡尔

的，甚至可以预见在脊髓中处理的反射电弧，而无须求助于脑。尽管笛卡尔对反射是如何工作的解释是错误的，但这是第一次试图给自然的、无意识的行为一个物理原因的解释，也是神经科学向前迈出的重要一步。

托马斯·威利斯是比笛卡尔更有成就和更为重要的神经科学家。笛卡尔毕竟是哲学家而不是解剖学家或生理学家。"神经学"一词最早出现在威利斯的《脑解剖学》的英文译本中。

虽然威利斯做了许多几个世纪以来无法匹敌的研究，并承认他无法找到任何神经中就像"通道"那样空心的证据，但他仍然认为神经必须像"印度手杖"（竹子）那样。他关于神经如何产生运动的观点比笛卡尔的稍微复杂一些。他提出动物精神流入肌肉与生命精神反应产生气。这使肌肉膨胀，膨胀引起运动。这种观点被称为"气球理论"。

没有洞也没有精神

在笛卡尔的研究之后仅仅几年，动物精神和气球理论都被一个简单的实验推翻了。1662年，简·施旺麦丹在解剖一只狗时，发现当他用自己的金属手术刀碰狗的神经时，会导致狗肌肉收缩。这块肌肉没有与脑相连，所以不可能从它那里得到任何动物精神。他用一种巧妙的方法来检验他的发现，这种方法最终证明了笛卡尔是错的。

施旺麦丹决定测量受刺激时肌肉体积会否增加。他解剖青蛙的心脏，并把它放进一个注射器。他确保在注射器末端的水里有一个气泡，并能在心脏肌肉（短暂地）继续收缩和扩张时被观察到。气泡动了，表明肌肉的体积确实发生了变化。但这与笛卡尔的假设相矛盾——当心脏收缩时，气泡就会缩小，这表明在笛卡尔所预想增大的地方，体积却减小了。

施旺麦丹再次尝试使用另一种技术。这一次，他切除了青蛙的大

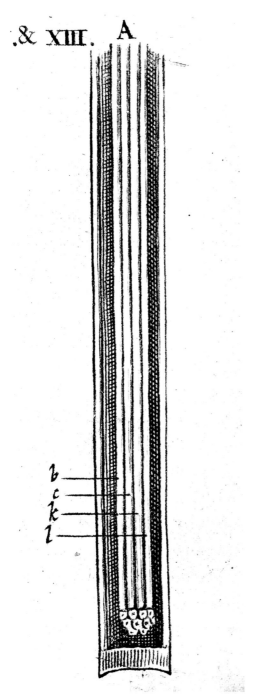

笛卡尔关于神经的概念。

> 神经不是别的，而是脑派生出来的黏滑髓状物质，动物精神通过这些物质被传导而不是简单地运送。这种物质确实比所谓的空心形状更适合传导，空心形状的管道会使我们的运动和感觉更突然、更猛烈、更易受干扰，而现在的传导则是温和的、连续的，能够更好地受到我们意志的支配和理性的调节。
>
> ——赫尔凯·克鲁克，
> 《人体探究》，1631年

腿肌肉和神经，并将其放入注射器，神经从一个洞中伸出来。他已经发现，用金属器具"刺激"神经，可以使肌肉收缩。这一次，气泡没有明显的运动。这就是我们所期望的，因为肌肉在收缩时不会改变体积。但这并不是施旺麦丹所预想的结果。他解释了这个结果，"这个实验是非常困难的，需要很多条件才能完成，所以做这个实验一定很乏味"。他认为，我们不能期望肌肉在脱离体外后仍表现正常。

但最终这是一个不可否认的结果。

施旺麦丹在他的实验中证明，肌肉在"刺激"（一种简单的外部刺激）之后会收缩，这种收缩不是对流经神经的动物精神做出的反应。他的发现也有更广泛的影响。他已经证明，"生物体的一部分可用于研究整体"的机制，并且生物体的机械模型是有效的。这表明行为是对刺激的反应，为后来的巴甫洛夫的条件反射理论和行为主义心理学学派理论的学习奠定了基础。

烈酒，流体，火灾或空气？

盖伦并没有具体说明神经中"气"或"精神"的性质，但它确实是一种物质，虽然这种物质经过了提炼。对于早期的基督教作家来说，神经是空灵的，是非物质的。随着马尔比基观察到皮层的"小球"，于是出现了一个"腺脑"的想法。这使神经中物质的形态变得非常具体，并且第一次被描述成液体。它的血液蒸馏被认为是经过一个从以太，然后是硝化以太，最后到动物精神的过程（化学还未发展到可以描述动物精神的方程式）。令人惊讶的是，考虑到人们对脑室的兴趣，填充它们的脑脊液直到18世纪才被收集和检查。

施旺麦丹的发现被进一步的实验证实。生理学家弗朗西斯·格利森（1599～1677）证明，当肌肉被淹没在水下并收缩时，水位不会上升。由此可见，肌肉的体积并没有改变，所以气体和液体都没有进入肌肉。乔瓦尼·博雷利（1608～1679）被称为生物力学之父，他进行了一个非常直接的实验，证明肌肉并不是因为注入了某种气体而膨胀的：他将活体动物浸在水中进行肌肉解剖，并将其切开。按照预测，如果将气体泵入肌肉，将会产生气泡，然而事实上却并没有气泡产生。

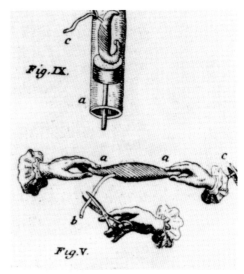

施旺麦丹描述了一项实验，在实验中，他刺激了一只青蛙的肌肉使其收缩："用你的手抓住肌腱的两端，即aa处，然后用剪刀或任何其他工具刺激下垂的神经b，肌肉就会恢复先前的运动。你会看到它立即被收缩和拉紧在一起，就像你的双手握着肌腱操作一样。"

移动的大脑

如果精神或神经液流入神经，那么一定有什么东西使它运动。盖伦描述为脑主动收缩，迫使精神进入空心神经。从16世纪开始，解剖学家就开始讨论这个运动。有些人认为这是真的，他们认为脑的脉动可以驱动灵魂，甚至硬脑膜（最坚硬的脑膜）也会收缩以挤压灵魂的前进。另一些人说，任何观察到的脑运动都是由血液流经动脉而产生的。一些解剖学家声称，脑或精神的活动与月亮的相位有关。1785年，托马斯·里德最终驳斥了脑（或脑膜）的自主运动这一观点。

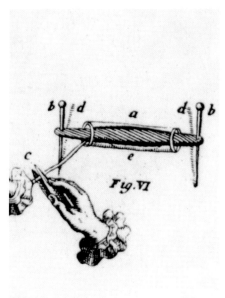

根据施旺麦丹的描述，我们可以在f点精确地观察到肌肉在收缩时增厚的程度，以及它们的肌腱彼此间的距离。我们必须把肌肉放进玻璃管a里，再用两根细针bb穿过它的肌腱，即以前手抓住的两端位置；然后将针固定住。

因此，到17世纪末，人们已经相当肯定地证明了神经不是空的，是以流体的形式传递动物精神。显微镜的改进证实了神经中没有通道。荷兰显微镜学家安东·范·列文虎克在1674年首次以一头牛的视神经进行观察。他写道："施拉维桑德向我提到，自古以来，关于视神经学的知识有一些分歧，一些解剖学家肯定（它）是空心的……因此，我得出结论，我可以看到这样一个空洞……我热切地观察着牛的三种视神经，但没有发现它们的空洞。"那么，它们是怎么起作用的呢？

焦虑和敏感

在看其他关于神经如何传递信号的建议之前，不妨考虑一下施旺麦丹所使用的"刺激"这个词。刺激的原理——在这里指的是简单的刺激。这和敏感性在划分身体部位，并最终区分运动系统和感觉系统方面变得尤为重要。

弗朗西斯·格利森曾表示，收缩肌肉的体积不会改变，他首先发展了身体的应激性和敏感性原则。不限于神经，

因此，我认为，从这些实验中，我们可以得出一个合理的结论，那就是神经的简单自然的运动或刺激是产生肌肉运动的唯一必要条件，无论它的起源是在脑、骨髓还是其他部位。

——简·施旺麦丹，1665年

所有组织和器官的组成纤维中都有应激性。本质上来说，"应激性"只是对被刺激和对刺激做出反应的易感性。

格利森将刺激过程分为三个阶段：感知，当纤维检测到刺激；欲望，当纤维被刺激或"想"对刺激做出反应时；执行，进行必要的移动或做出响应。此外，他还根据我们对所发生的事情的意识程度，将应激和反应分为三种不同的类别。

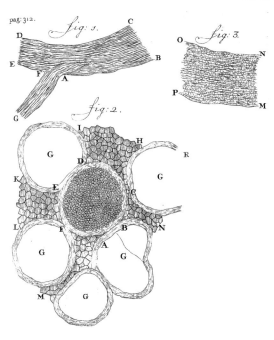

1719年安东·范·列文虎克所绘的单个纤维神经横截面。

在很多情况下，身体会对刺激做出反应。例如，在消化过程中，被刺激的肠道通过肠道运动来消化食物，从而自动做出正确的反应。这个过程被格利森称为"自然知觉"；他认为，感知和反应是在受影响的器官或组织内部局部进行的。在感官知觉中，脑参与其中，通过神经与身体部分进行交流，但这不意味着这是脑有意识的反应。最高层次的"动物知觉"是在意识的控制之下的，如思想和意志。格利森从本质上区分了躯体神经系统（负责意志运动）和自主神经系统（控制心率和呼吸等反应）。

格利森的研究对科学思维没有多大影响，因为他用纤维来感知刺激，并形成所需活动的欲望。这赋予了简单的纤维或器官它们所没有的功能。只有排除了这些功能之后，应激/敏感模式才被接受。因此，瑞士生理学家阿尔布雷希特·冯·哈勒（1708～1777）的思想和格利森的思想联系在了一起。哈勒是一位杰出的生理学家，虽然格利森的思想已然成为权威，但哈勒还是断言格利森没有实验证据来证明这个理论，但是他能依靠手术刀和显微镜来揭示人体的活动。他缩小了格利森的概念，使应激性只适用于肌肉，只对神经敏感。最重要的是，他剔除了身体部位感知或产生欲望的需求，将过程简化为纯粹的物理刺激和自动反应。他将应激性和敏感性定义如下："我称那是人体的一个应激部位，被触碰的时候就会变短，在被轻微触碰时，它就会有剧烈的应激反应；相反，如果不在应激部位，哪怕受到剧烈的刺激，也只会进行很少的肌肉收缩。在被触摸后就把这种印象传递给灵魂；在兽类中，灵魂的存在是不那么明确的，我把这种灵魂称为'理智'。这种刺激在动物身上表现出明显的痛苦和不安的迹象。相反的表现，我就称之为'无知觉'，因为它们在受到灼伤、撕裂、刺痛或割伤甚至完全毁灭时也仍旧没有痛苦、抽搐的迹象，身体的状况也没有任何变化。"

神经的敏感性

哈勒进行了实验，对不同类型的组织和结构进行切割、燃烧、接触有毒化学物质和喷射空气等刺激物实验。他的实验对象主要是狗和猫。他发现，在每种情况下，只有神经表现出最敏感的反应，即使在那些极端情况下，也是如此。他发现身体上神经最紧张的部位是最敏感的。

他发现，如果一个神经被切断，切断处以下的分支都没有任何反应，这表明神经没有相互连接以提供替代的传播途径。

正在进行解剖的格利森。这次实验为他提供了向世人展示身体组织的应激反应的机会。

肌肉的应激性

哈勒发现，刺激神经会使附着在神经上的肌肉和其分支收缩。即使神经和脑之间的联系被切断，甚至动物已经死亡，同样的事情也会发生。最令人惊讶的是，他发现"'应激性'并不是起源于神经，它天生存在于容易被引起刺激的部位"。即使肌肉不再与神经相连，它也会被刺激和触发收缩。他阐明了自己的结论：最不能受刺激的部分最敏感，反之亦然；神经需要将感觉传递到"灵魂"；刺激神经会影响它所连接的肌肉，但不会引起神经的明显变化；切断神经可以消除伤口下方的所有感觉，但不妨碍应激反应；应激反应不取决于意志或灵魂。

阿尔布雷希特·冯·哈勒进行了许多实验，以发现身体的哪些部位会对刺激产生反应。

哈勒的工作对描述肌肉和神经的反应很有价值，阐明了直接或通过附着的神经刺激肌肉会导致它收缩，神经（而不是肌肉）是敏感的。然而，他的研究并没有确切地指出神经是如何传递信息的。他否认了振动可能与神经在身体和脑之间传递信号有关的说法，并最终以某种精神或液体穿过神经的旧观念而告终。

"埋在漆黑中"

施旺麦丹猜测，神经的运作被"埋在漆黑中"，无法揭开它们的真面目。许多人仍然无法放弃"动物精神"模型，尤其是在没有其他可行的替代方案的情况下。荷兰医生赫曼·波尔哈夫说，神经液体是由非常小的颗粒组成的，比其他液体的颗粒要小得多。因此，它可以通过看不见的小通道传播。

博雷利证明了被切割的肌肉没有产生气体，他需要另一种方式来解释收缩肌肉的明显扩张。他认为这是一场发生在肌肉里的"化学爆炸"，就像我们混合醋和小苏打时产生的气泡"溢出"。他提出，爆炸是由从神经中挤出的一滴"神经液体"或黏液神经引发的。在他的模型中，神经不是中空的通道，而是充满了海绵般的髓质，浸有液体。当肿胀的神经受到撞击或挤压时，一滴神经液会滴到肌肉末端，引发导致肌肉收缩的"爆炸"。

振动和共鸣

施旺麦丹自己也在想，这种传播手段的速度一定快得令人难以置信，或者是否可能类似于击打通过振动快速从一端传到另一端这样的传播方式。其他一些人独立地提出了振动的可能性。博雷利提出，当感觉神经受到挤压或敲击时，"波动"会沿着神经传到脑。列文虎克在看到视神经内的"球状物"后也提出了类似的建议。他推测，在眼睛上留下的印象就像手指接触到一杯水的表面并让液体运动起来的方式是一样的，这种液体随后通过球状体从视网膜转移到脑。英国哲学家戴维·哈特利（1705～1757）认为，感觉是神经中微小粒子振动的结果，这些粒子被传送到脑。轻微的振动被认为是令人愉快的，但当振动非常强烈以至于破坏了神经的连续性时，就会产生疼痛。当一种感觉、图像或其他感官刺激消失后，最初的振动的微弱反射会在脑中持续存在，他称之为"微振"。它们提供了记忆机制。

　　然而，正如解剖学家亚历山大·蒙罗在1781年指出的那样（哈勒也同样提出这一观点）：神经结构不允许产生任何反射、振动或波动能轻易地沿着它们传播。就好像一根拉紧的绳子很容易振动，但在蒙罗的语言中，神经是"非常柔软的而且是呈半流质状态的"，它需要一些不同类型的机制来帮助传播。

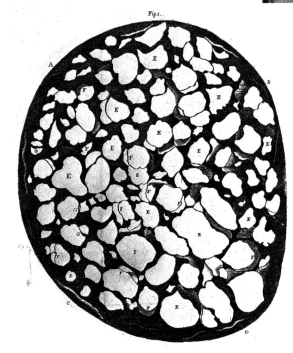

图为列文虎克的视神经图像。列文虎克认为图像通过"球状物"传送到脑。

青蛙汤和雷暴

　　虽然流经中空神经的流体动物精神的概念已被彻底否认，但一些生理学家对最近发现的电流感到兴奋，开始怀疑"电流体"是否可以通过神经流动。哈勒便是其中一位。他认为刺激从神经传递到肌肉的速度可能与电有关。英国生理学家斯蒂芬·黑尔斯在1732年第一次提出这个想法，但直到1780年，路易吉·伽伐尼（1737~1798）在意大利与一只死青蛙发生了一场小小的"意外"之后，这个想法才有了真正的进展。

　　故事有好几个版本，但最有趣的版本是这样的：伽伐尼的妻子在准备做青蛙汤的时候，把一把金属刀放在青蛙的腿上，青蛙腿就抽动起来。接着，伽伐尼做了实验，发现把铜丝和铁丝连接到青蛙的神经上，青蛙的肌肉就会收缩。（一个不太本土的版本是，伽伐尼不小心把他的钢制手术刀放在了一个固定解剖青蛙的铜钩上，这只青蛙的腿抽搐了一下。伽伐尼于是开始实验。）

> 我受到了两个截然相反的派别的攻击——科学家和一无所知的人。两个派别的人都笑话我——叫我"青蛙的舞蹈老师"。但我知道我发现了自然界最强大的力量之一。
>
> ——路易吉·伽伐尼

他最奇特、最具说服力的实验是在雷雨中竖起青蛙的腿，看着它们跳动。他从一只刚死的青蛙身上取下双腿，把神经和一根金属线连在一起，然后把另一端固定起来，以便在雷雨中把它指向天空。每一道闪电都能使青蛙腿跳起来。伽伐尼声称，这证明了肌肉和神经有一种内在的电力，这种电力的作用可以在死后被大气中的电复制。正是这种电的力量导致了神经的收缩，也是沿着神经进行交流的方法。他把新发现的力量叫作"动物电"。他进行了神经科学和电生理学领域的第一次实验。

这是一个大胆的主张。毫不奇怪，它遇到了一些阻力。伽伐尼的同胞亚历山德罗·伏打就否认存在任何特殊的"动物电"，他说肌肉只是对连接不同金属之间的神

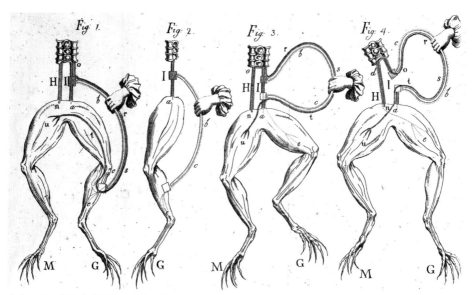

伽伐尼使用青蛙的坐骨神经进行了各种实验和示范，刺激它们，使肌肉收缩。

经产生的电做出反应。伽伐尼对此类质疑做出了回应，这一次，他将暴露的神经放在一起直接接触肌肉，结果产生了同样的肌肉收缩，但是这次的实验不涉及金属或大气电流。在1797年，他又做了一个实验：取两条青蛙腿，将两条腿的坐骨神经连接在一起，使青蛙双腿的肌肉收缩。他认为神经有一层不导电的涂层，电脉冲沿着神经中心传播，最终通过小孔进入肌肉。正如我们将看到的，这是惊人的先见之明。

电力的胜利

19世纪中期证实，神经传导确实是以一种电流的形式沿着神经传递，刺激肌肉收缩。德国生理学家杜布瓦·雷蒙（1818～1896）是一个唯物主义者，他不愿意接受生物学中任何无法被正确分析的"以太"或"精神"，他说："除了物理和化学中常见的力量之外，没有任何力量在生物体中起作用。"他认为，如果通过观察已知的力无法找到答案，那么就有理由假设一种尚未发现的力在起作用，但这种力"与物质固有的物理化学本质相同"。

他对动物电的兴趣很早就产生了，他的毕业论文是关于"电鱼"的，并在19世纪40～80年代不断完善着自己的作品。他的灵感来自一位意大利生理学家卡洛·马蒂乌奇，此人在1830年开始用电流和青蛙肌肉进行实验。马蒂乌奇证明受伤的应激组织会产生电流，他可以像使用电池一样使用电流。他发明了一种"检电蛙"，即青蛙验电器来检测电流。

杜布瓦·雷蒙设计了自己的设备，包括"非极化"电极、一台发电机和一个电位器，使他能够向他的实验对象传送分级的脉冲电流，用电流计测量并记录通过实验对象时产生的电流。利用这一点，他在1848年发现并展示了现在所知的神经的"动作电位"。

雷蒙向世人展示戏剧性的证明活动，这可能有助于他的作品在大众的想象中发挥作用。他最著名的示范是利用他自己的身体：他把电流计的引线系在手臂上，然后双手放在盐水中，等待电流计的针停下来。然后他会伸直他的一只手臂，导致电流计的指针疯狂地跳动。这是一个简单但惊人的证明，他解释说，当神经触发肌肉运动时，他的身体产生了电流。

从青蛙到电池

伏打进行了他自己的实验，发现在伽伐尼的最初发现中是两种不同的金属的存在导致了电流的产生（青蛙腿只显示电流存在）。伏打接着制造了叫作"伏打电池"的人类史上第一块电池；为了做到这一点，他在两种金属的盘片之间堆叠了盐水浸泡的纸。

思想的速度

尽管杜布瓦·雷蒙的实验引人注目，但他的理论仍是神经如何工作的几个争议领域中的一个。这个问题直到1850年才最终解决。当时，德国医生和物理学家赫尔曼·冯·赫尔姆霍兹测量了信息沿神经传递的速度。使用青蛙（和往常一样），赫尔姆霍兹发现一种神经冲动在50~60毫米之间花费了1.5毫秒的时间，速度约为30米/秒。青蛙神经的现代传输值为7~40米/秒。他的测量结果与传送脉冲的方法密不可分，因此最终解决了理论的问题。最后，20世纪遗留下来的问题是解释电是如何沿着神经传递的。

感知和动作的回顾

这一章一开始，我们看到盖伦对感觉神经和运动神经做的区分：一个是柔软易受影响的神经，另一个是坚韧的神经。虽然没有什么实际证明可以支撑这种对神经的观点，但它确实存在且流行了很长一段时间，但最终连同它背后的解释一起消失了——感觉神经需要足够柔软才能给人留下"印象"，而运动神经则充满了动物精神。由于盖伦的理论被推翻，这两种类型被混淆在一起。

18世纪末，人们就知道神经通过进入和离开脊髓，与身体的其他部分进行交

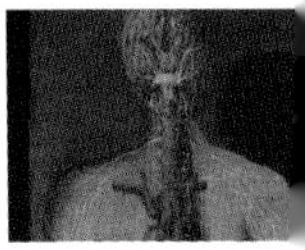

流。然而，人们普遍认为，脊髓神经是一种混合型的神经，可以同时携带运动和感觉信息，并在两个方向传导脉冲。这个潜在的问题是由两个独立工作的人——苏格兰神经学家查尔斯·贝尔和法国生理学家弗朗索瓦·马根迪共同解决的。

1807年，贝尔写信给他的弟弟，说他发现感觉神经和运动神经是不同类型的，它们分布在脑的不同部位。在1811年，他再次写道，他发现，暴露出脊髓神经的根部后，如果他切断后神经，背部肌肉将不会受到影响，但是如果切断前神经，肌肉就会进入痉挛状态。

贝尔在职业生涯中犯了两个严重的错误：他没有把自己的发现正确地公布出来，而是把这些发现写进给弟弟的信里和一本私人印刷的小册子里。而且，他也没有明确地指出后根神经属于感觉神经。这样一来，在马根迪发现了运动神经和感觉神经的分离后，引发了一场关于署名优先权的争论。

青蛙验电器

青蛙验电器是在伽伐尼的实验基础上发展起来的。这件设备包括一条被剥了皮的青蛙腿，青蛙腿上有电极附在神经上。如果电流流向电极，腿就会抽搐；当电路断开时，它也会抽搐。该装置用于指示电流的存在（但不能测量电流）。事实上，青蛙验电器非常灵敏，在机械检流器和检流计问世很久之后仍被使用。1848年，医生戈尔丁·伯德报告称，青蛙验电器的灵敏度是非生物仪器的5.6万倍。

制作青蛙验电器的方法为：首先将腿从青蛙身上取下，有时会带一部分坐骨神经，然后剥皮。青蛙腿被放置在一个玻璃管中。两个电极分别连接在神经两端，电极（更方便地）要放在顶端，但位置不同。电流计用新取下的青蛙腿制作效果最好；这条腿必须在大约40小时后更换。（不要在家里尝试这种做法——它是不合法的，也是不人道的。）

Fig. 8.

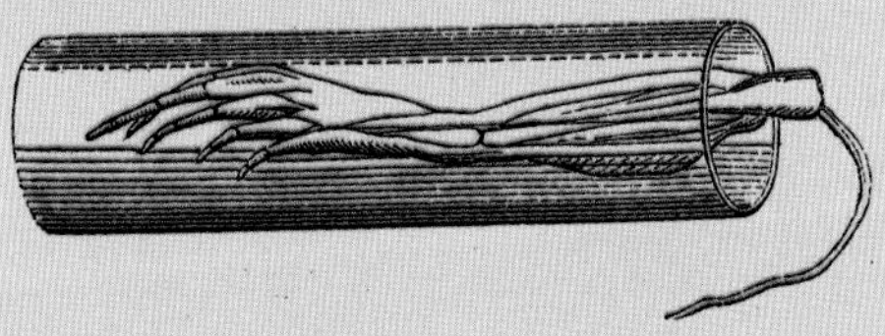

The Galvanoscopic Frog.

残酷的证明

马根迪在他养的小狗身上做了实验。事实证明，他不配养狗。1821年，他暴露狗的脊髓神经并切断了其中一个或多个前后神经束，然后施用毒素马钱子碱，试图以引起抽搐。他的实验证明了神经根之间的区别："来自脊髓神经的前根和后根有不同的功能；后根更具体地与感觉有关，而前根则与运动有关。"

马根迪的实验给小狗们造成了极大的痛苦，他受到了严厉的谴责。他在公开演讲中重复了这个实验和其他实验，但没有别的新发现。他对实验动物的漠视促使反活体解剖立法，他的实验被其他科学家批评为"令人憎恶"。

马根迪坚持认为他应该因为区分了

苏格兰神经学家查尔斯·贝尔反对马根迪进行动物活体解剖实验的残忍做法。

生物电池

青蛙腿的另一个作用是制作生物电池。马蒂乌奇是制作生物电池的大师。他做出的效果最好的电池是取材自青蛙半大腿（每条腿的大腿下半部分），但他也用牛头、鳗鱼、半只青蛙和整只青蛙、兔子制作电池，甚至还用过一只活鸽子做电池。

Fig. 12.   *Fig. 13.*

大腿（右）端对端排列，放置在木板（左）上，蘸满水，两端连接电极。

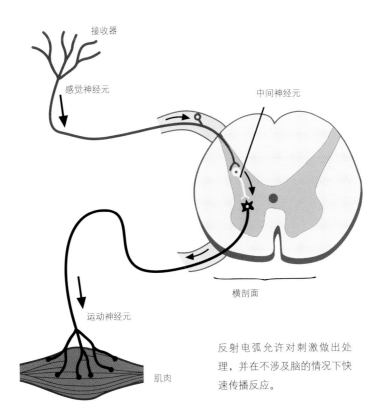

接收器

感觉神经元

中间神经元

横剖面

运动神经元

肌肉

反射电弧允许对刺激做出处理，并在不涉及脑的情况下快速传播反应。

神经前根和后根的不同功能而受到赞扬，他说贝尔已经"非常接近于发现脊髓根的功能"。最后，这些发现被称为贝尔—马根迪定律。

　　运动神经和感觉神经之间的进一步区别直到19世纪后期才被发现，那时不仅可以检查神经，还可以检查构成神经的单个细胞。结果证明盖伦是对的——运动和感觉路径在结构上是不同的，但是并不像盖伦提出的那种方式。

反射弧

　　马歇尔·霍尔发现，如果他刺破一个被取下脑袋的蝾螈的皮肤，蝾螈就会动。这引出了他的反射弧理论，反射弧的刺激和反应完全在外围神经系统中发生，而不依赖脑（在蝾螈的例子中，脑是不存在的）。他的观点是：脊髓由一系列的单元组成，每个单元都作为一个独立的反射弧工作；每个电弧的功能来自感觉神经和运动神经的活动以及产生这些神经的脊髓节段；这些弧线相互连接，相互作用，与脑产生协调运动。

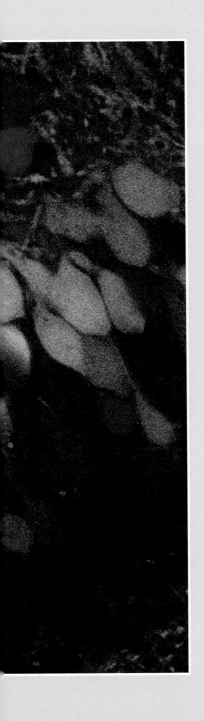

第五章

从纤维到细胞

我常常愉快地观察到，神经的结构是由非常纤细的导管组成的，这些导管具有难以形容的适应度，从神经向外延伸。

——安东·范·列文虎克，1719年

从盖伦时代到18世纪，人们在外围神经系统中观察到神经，以及神经进入脊髓或脑。但随着显微技术的进步，人们最终在脑中观察到组成神经细胞的神经元。

"脑虹"是基因工程的产物，它引入了能发出不同颜色光的蛋白质，并在神经元中随机使用。它们帮助科学家区分单个神经元。脑虹是在转基因小鼠上创建的，它使用了4种颜色，这些颜色结合起来可以产生100多种颜色。

看见细胞

随着显微技术的改进，神经的真实性质慢慢浮现。但直到1842年，早就该被抛弃的，认为神经是空心的观点，仍旧出现在教科书中。

纤维体和球状体

早在18世纪，列文虎克就将神经描述为束状的细丝或丝线。这很快得到了其他显微镜专家的证实。1732年，亚历山大·蒙罗报告称，"神经纤维看起来就像许多小而明显的平行的细线，外观没有表现出任何像管道一样的形状"。然而，他确实注意到，当在它们的"间隙和膜"中横向切割时，会有分支和开口，这使观察者"相信他们看到的是空心的容器"。1776年，意大利自然哲学家德拉·托雷将周围神经描述为一排线。

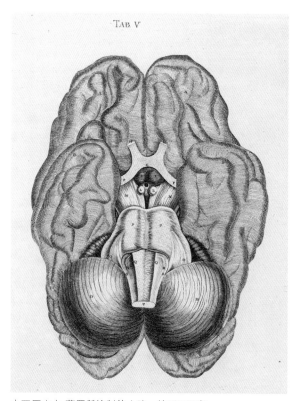

小亚历山大·蒙罗所绘制的人脑，绘于1783年。

亚历山大·蒙罗的儿子（小亚历山大）在1783年测量了神经纤维的直径，发现它们约为3微米，并且神经纤维看起来是实心的。对神经更详细的检查必须等待显微镜本身的改进，以及样品制备技术和染色技术的进步。

到目前为止，外周神经系统一直是研究的重点。第一个

脑切片

通过光学显微镜检查的样品必须足够薄，这样光线才能穿透。这样的样品厚度通常不超过100微米。用剃刀手工切割这样的切片是非常困难的，特别是如果样本像神经一样有弹性，并且充满纤维。超薄切片机是一种可以将样本固定不动，并从中切下薄片的设备，它的发展使这项工作变得容易。

第一台切片机是在1770年左右发明的，它的技术很快得到改进。在切片机的早期实例中，将待检查的样品放置在圆筒中，并通过转动曲柄手柄从顶部开始切割切片。大约在1870年，出现了精密切片机，它是由金属组成的。在样品中嵌入石蜡或火棉胶（硝酸纤维素），能让机器切割出非常薄的切片。这些设备的发展帮助人们在三维空间中建立"结构是如何排列和发展"的印象，对于阐明脑的结构至关重要。

使用切片机将动物和植物材料切成切片，用于在显微镜下研究，而不损坏样品的精细内部结构。

记录脑组织检查的人是马赛罗·马尔比基，他报告说看到了小腺体或小球体与白色纤维体相连接。

列文虎克在研究各种动物的脑组织时也报告说，他看到的球状体比他在血液（血细胞）中看到的要小得多。由于脑通常被认为是一个腺体，或由腺体组成，因此球状体的存在并不令人惊讶。直到100多年后，脑中真正的神经组织才能被识别出来。神经组织很难处理，因为它恶化得很快，不能进行物理上的还原，而且非常小。即使显微技术有了足够的改进，能够显示其他类型组织中的细胞，也不能显示神经组织的内部情况。

细胞学说

植物和动物身体是由细胞组成的这一概念是在19世纪30年代提出的，但在很久以前人类就已经观测到（和命名）细胞了。1653年，罗伯特·胡克绘制了软木塞的细胞，并将这些长方形细胞比作修道院僧侣的住所。此时，还不清楚它们是否是所有生物的基本结构组成部分。这种想法只出现在19世纪30年代。

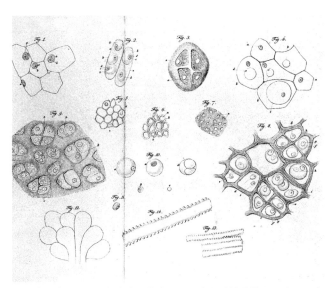

施旺的细胞图，1839年发表于他建立了细胞学说的著作中。神经细胞不包括在内。

1837年，两位德国科学家——植物学家施来登和动物学家施旺，得出了相同的结论，在他们的研究领域中的个体完全是由细胞构成的。施旺在1839年发表了这一发现，指出细胞是生命的基本单位，所有生物都是由细胞组成的。

但是，神经似乎并不

包含任何看起来像人类或动物体内细胞那样的东西。神经细胞的某些部分曾被单独观察过，但用19世纪30年代的显微镜技术是无法观察到它们之间的联系的。似乎中枢神经系统可能是细胞构成规则下的一个例外，它最初普遍被排除在细胞学说之外。

了解神经元

神经细胞（神经元）具有多种形状、大小和结构。这种多样性使人们认识到，在显微镜下观察到的所有不同的物体都具有可比性。

一个"典型"的神经细胞有一个包含细胞核的细胞体、树突（从细胞体直接分出的纤维）和一个轴突（附着在细胞体上的长丝），轴突末端（突起）有分支。但大多数神经细胞都不是典型的。

细胞核是细胞的重要"机器"，它位于细胞体内。轴突末端分支附着于肌肉（如运动神经）或感觉器官（如感觉神经）。轴突可短可长。神经冲动沿着它传播，从感觉器官到树突，然后到另一个神经细胞，或从树突沿着轴突到肌纤维。

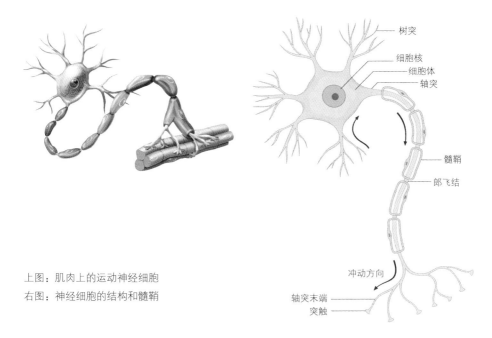

上图：肌肉上的运动神经细胞
右图：神经细胞的结构和髓鞘

树突
细胞核
细胞体
轴突
髓鞘
郎飞结
冲动方向
轴突末端
突触

有些轴突有髓鞘，其作用就像电缆上的塑料绝缘体：它使轴突绝缘，因此神经冲动的电流不会消散。髓磷脂于1854年首次被德国医生鲁道夫·维尔乔发现。髓磷脂不是神经元的一部分，而是由叫作"施旺细胞"的单独细胞产生，它们将自身包裹在轴突周围。施旺细胞之间的间隙被称为"郎飞结"，即轴突上微小的点。

神经元的形状和类型取决于它们在体内的功能和位置，分3个类别，但在这些类别中有多达10000种不同的类型。这3类神经元分别是运动神经元，它们将信息从脑或脊髓传递到肌肉以引起运动；感觉神经元，把信息从感觉器官传送到脑；中间神经元，负责神经元之间的信息传递。

观察神经

1836年，德国生理学家加布里埃尔·瓦伦丁是第一个描述和绘制神经元的人。最终显示，脑的组成物不仅仅是大量的白质和灰质——它由神经元的组成部分拼凑而来，而神经元不会全部显露出来。瓦伦丁的第一张神经元图显示了细胞核和核仁，它们一起（再次）形成了一种"球状体"。他还发现了非常细小的纤维，似乎连接和包裹着小球体。

同年，另一位德国生理学家罗伯特·雷马克，区分了有髓鞘和无髓鞘的纤维，尽管当时髓磷脂还没有被识别出来——很明显，有些纤维由一种外套或封套包裹着，有些则

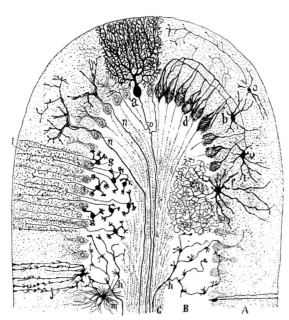

此图是西班牙病理学家圣地亚哥·拉蒙·卡哈尔在1894年绘制的哺乳动物小脑不同类型的神经元，它描绘了一些不同形状和形式的神经细胞。

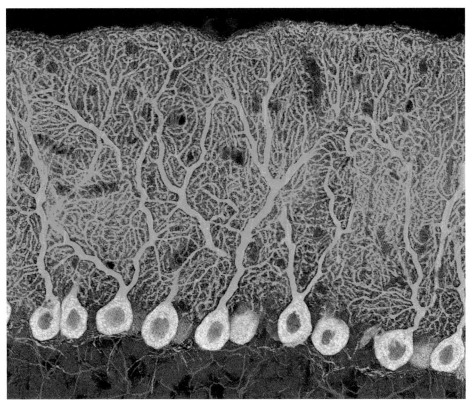

这张彩色合成照片清楚地显示了小脑的浦肯野细胞。

没有。他还指出，神经组织中分布着由非常细的纤维或细丝构成的网络。

　　波希米亚生理学家扬·埃万杰利斯塔·浦肯野（1787～1869）有着广泛的兴趣和成就。他是第一个注意到人类指纹各不相同的人，也是第一个制作动画片的人。他最著名的作品与神经系统有关。在1837年，浦肯野描述了一簇水滴状细胞，以及在附近发现的大量精细的、纤维样的连接体，就和雷马克看到的一样。雷马克认为细胞和纤维可能是相连的，纤维可能是从细胞中散发出来的。但当时的显微镜技术还不足以证实这一点。

　　浦肯野绘制的细胞，现在被称为"浦肯野细胞"，是最大的神经元之一，也是最容易看到的，它们存在于小脑。他详细描述道："大量围绕黄色物质（在灰质和白质之间）的小体，在小脑的薄层中随处可见。每一个细小的小体都面向内部，钝圆的末端朝向黄色的物质。我们可以清楚地在小体中看到中心核和冠状物；尾状的末端面向外部，分为两束，大部分延伸埋入接近外表面的灰质中，被软脑膜（脑膜的最内层膜）包围着。

"大部分消失"的部分是树突，对于浦肯野来说，这部分太小了，看不见，所以从他的画中消失了。但是这部分在用电子显微镜拍摄的现代照片中清晰可见。

又细又长

即使是通过显微镜，也很难区分大量的灰白色透明物质和白色物质。这推迟了神经生物学在19世纪的发展，直到显微镜和辅助显微镜技术的改进，才再次发展起来。

切片机的发展起了很大的帮助作用，但仍然很难区分类似颜色的肿块。1863年左右，奥托·戴特思发明了一种显微解剖技术，使用铬酸和胭脂红作为染色剂。这些染色剂使他第一次能够隔离单个神经元。他在观察的每个神经元上发现了不同类型的分支突起。其中一类由短的、树状的分叉组成，他称之为"原生质延伸"，因为它们似乎是从细胞体的原生质延伸出来的；它们现在被称为树突（后来由威尔赫尔姆·希思命名）。另一类是长纤维，末端有一些很短的"树枝"；他把这类叫作"轴圆柱体"，但现在叫作"轴突"。他认为，也许树突"极其细"的一端与相邻的一端融合在一起，形成了一个庞大而完整的丝状网络。对科学界来说不幸的是，作为学界一颗冉冉升起的希望之星，戴特思在29岁时死于伤寒。

黑白的世界

戴特思的染色剂起了作用，但对于揭示隐藏的脑世界所需要的对神经元能够详细检查的水平来说，它还不够好。卡米洛·高尔基，一位对神经系统特别感兴趣的意大利生理学家，在1873年取得了重要的突破。

在米兰附近一家医院由厨房改造的实验室里，高尔基在烛光下工作，他发明了一种染色方法，他称之为"黑色反应"。其现在被称为高尔基法，具体来说就是将稀释的硝酸银溶液加到用重铬酸钾和氨硬化的样品中。硝酸银以不同的方式对神经组织的各个部位进行染色，从而可以区分细胞中的不同结构。他马上意识到，细胞体、轴突和树枝状树突都是同一个单元的一部分，这证实了神经是有细胞的。

网状物或神经元

发现组成神经元的不同结构并不能帮助高尔基了解它们的功能。他认为树突能提供营养。通过观察脑灰质中一个非常密集和复杂的分支轴突网络，他得出结论，轴突缠绕成连续的网状物。这是他在1873年发表第一张神经元插图时提出的理论。由于他认为这些部分是相互连接的，所以他不支持脑功能定位的观点。他最多只能感觉到特定的信号进入

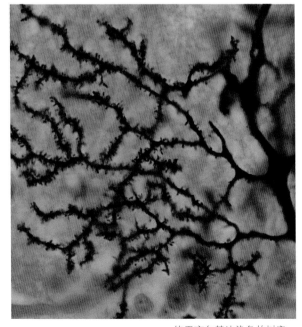

使用高尔基法染色的树突。

了脑的一个大区域，但所有的信号都是相互联系的，做到真正的定位似乎不太可能。1871年，德国生理学家约瑟夫·冯·格拉赫还提出，脑可能是神经纤维的"原生质网络"，这是个巨大而复杂的网络，或称"网状物"。树突和轴突的网状结构很快成为脑的常见模型。但其他一些从事动物研究的生理学家发现了与融合网状结构模型相矛盾的证据。例如，威尔赫尔姆·希思研究胚胎中中枢神经系统的发育，他得出结论，神经和其他细胞一样是独立的细胞，只是结构不同。独立神经元的概念可以支持脑功能定位的想法。因此，关于神经元是分开的还是结合的争论与脑功能是否能定位的争论直接相关。

神经元学说

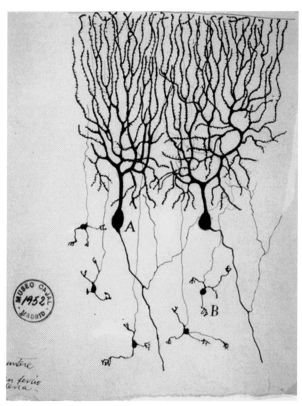

卡哈尔绘制了浦肯野细胞。虽然浦肯野只看到了浦肯野细胞的斑点末端，但是卡哈尔揭示了树突的错落相交的复杂性。

在发现神经元如何协同工作方面，真正的突破来自于西班牙解剖学家圣地亚哥·拉蒙·卡哈尔的工作。卡哈尔使用了一种改进的技术，将组织两次浸入硝酸银中，以揭示其结构，他以惊人的细节和美丽的插图记录了这一结构。（他从小就是个有才华的艺术家。）他在神经元的形态上发现了令人震惊的变化。

卡哈尔的研究发展出神经元学说，并于1894年发表了相关研究：神经元是神经系统最基本的结构和功能单位，相互连接的神经元提供了传递神经信号的手段。1891年，德国解剖学家威廉·冯·瓦尔达尔确立了"神经元"这一专有名词，他是卡哈尔的大力支持者，为了阅读卡哈尔的原始论文，他甚至学会了西班牙语。

奇怪的是，卡哈尔和高尔基因为在神经系统方面的研究而在1906年分享了诺贝尔生理学奖，尽管他们提出了直接冲突的观点。高尔基并不认为他所看到的是分离的神经细胞，他强烈反对卡哈尔对这些细胞的解释。此外，高尔基深信树突的功能纯粹是补给营养的。他们之间也存在着个人的敌意，因为高尔基最初发现了新的染色方法，却未能引起公众的注意，他对卡哈尔获得的荣誉表示不满。高尔基觉得这威胁到他在揭露细节结构方面（无论它们是分散神经还是网络）的优先权。

思想的差距

高尔基偏爱网状脑模型的一个原因是，他的染色对有髓神经无效。这使得通过网络追踪单个神经元变得困难，甚至不可能。卡哈尔不仅改进了高尔基的技术，还研究了不同种类动物的组织，包括鸟类的脑，并发现了鸟类的脑中有更多的非髓细胞。（高尔基只研究人体组织。）

> 我表达了亲眼看到铬银反应的奇妙启示力量，以及它的发现在科学界没有引起任何兴奋时的惊讶。
>
> ——圣地亚哥·拉蒙·卡哈尔，
> 1917年

神经元、神经和纤维束

神经元是单个神经细胞。神经可以由许多端对端连接的神经元组成。通常，一个神经元末端的树突与另一个神经元的轴突紧密接触（但不融合），将它们连接成一条链。这条链可能从感觉器官到脑，从脊髓到肌肉，从脑或脊髓内的一个位置到另一个位置。神经纤维通常成束聚集在一起。最初观察到的是这些纤维束，由希罗菲卢斯和那些支持他观点的人用肉眼观察到，而早期的显微镜学家则进行了更精细的观察。

圣地亚哥·拉蒙·卡哈尔（1852～1934）

　　圣地亚哥·拉蒙·卡哈尔小时候被认为是叛逆、不听话和难以相处的孩子。他11岁的时候用自己造的一门大炮摧毁了邻居的大门，并因此而入狱。他是一名技艺高超的艺术家和体操运动员，但他的天赋并未得到施展，反而成了鞋匠和理发师的学徒。后来，为了让儿子成为一名医生，他的父亲带他去墓地寻找尸骨进行检查。画出这些骨头是一个转折点，也启发了卡哈尔走上医学的道路。他曾在西班牙军队中担任过一段时间的医务官员，但1874～1875年在古巴期间染上了疟疾和肺结核。康复后，他转到巴伦西亚教解剖学。

　　卡哈尔首先研究了疾病和上皮细胞（身体形成的薄层细胞），但在1887年发现高尔基的染色方法后，他将注意力转向了中枢神经系统。他对许多物种和人体各个部位的神经组织进行了广泛的研究。卡哈尔的艺术技巧对他的成功功不可没，他能将三维空间形象化，并能将所研究的各个部分组合在一起。

　　卡哈尔阐述了神经元学说的第一个原则，为现代神经科学的发展奠定了基础，被称为"神经科学之父"。

在小脑检查中，卡哈尔发现了篮细胞（一种在小脑中发现的内神经元）的轴突和邻近浦肯野细胞的细胞体之间的微小间隙。他很清楚，这些细胞永远不会融合。他为自己的模型提供了几个很好的理由，包括证据表明，如果神经元被切断，变性不会扩散到个体神经元之外，如果将它们融合到一个单位中则会发生。

电子显微镜使用电子束代替光来分辨图像。由于电子束的波长可以远小于可见光的波长，因此电子显微镜可以比光学显微镜放大更多的倍数，以便看到更多的细节。

因此，这些神经元并没有融合在一起，而是彼此非常接近。在神经传递信息的过程中，神经元之间的空间和任何神经结构一样重要。然而直到20世纪50年代才能用电子显微镜检查这些间隙（1897年将其命名为"突触"）到底是如何形成的。

电的化学性质

到19世纪末，有两个原则已经确立，需要以某种方式将它们结合在一起。首先，神经携带某种形式的电脉冲，就像埃米尔·杜波伊·雷蒙德所证明的那样。其次，中枢神经系统依赖于大量存在于脑和脊髓中的神经元细胞，而神经元细胞与身体的感觉器官和肌肉之间的连接密度较低。

那些赞成神经系统的机械模型的人与那些认为神经中存在着更为空灵的东西，比如精神或灵魂的人互相冲突。后者准备接受电在其中扮演的角色，因为在那个时候，电在物理上是无法解释的。前者观察神经之间的细微间隙，目的是要确切地发现冲动是如何从一种神经传导到另一种神经的。这些研究人员试图寻找一种化学上的传播方法来解释这一切。

箭毒

第一个线索来自法国生理学家克劳德·伯纳德的一项研究。他想了解箭毒的

马钱子碱毒，是箭毒的来源。

作用，箭毒是南美土著猎人使用的毒药。被箭射伤的动物（或敌人）会瘫痪，然后死于窒息。伯纳德在1844年指出，这种毒素会阻碍运动神经的传导，他将这种作用描述为"使神经中毒"。他的学生，法国组织学家阿尔弗雷德·奥安皮尔继续证明，在神经和肌肉之间的联系点上，箭毒起了作用。奥尔皮安甚至早于卡哈尔证实神经末梢和邻近肌细胞之间存在间隙。奥尔皮安暗示了一种将冲动从神经传递到肌肉的化学过程，这就是箭毒会介入的地方。

化学加压素

箭毒并不是唯一一种对神经和肌肉有影响的化学物质。在19世纪末20世纪初，几位科学家对肾上腺的提取物进行了实验。1895年，波兰生理学家拿破仑·齐布尔斯基首次对肾上腺提取物进行了研究，发现它含有现在被称为肾上腺素的化学物质

和其他类似物质。研究人员发现，实验动物体内的肾上腺素中含有一种强大的"加压素"，能提高血压。德国神经学家马克斯·莱万多夫斯基发现，将这种提取物注射到猫体内会导致眼球上方的瞬膜（一种保护眼球的膜）收缩。然后他证明，如果在脑中切断神经连接后，局部给予这种提取物，眼球会得到相同的作用，这表明它直接作用于肌肉而不是神经。

1901年，英国生理学家约翰·兰利指出，电刺激交感神经的效果与注射"加压素"原理相同。莱万多夫斯基和兰利的研究结果清楚地表明，这是一种将电冲动输送到肌肉的化学方法。英国生理学家托马斯·莱顿·埃利奥特在1905年提出，对交感神经的刺激会导致它们在末端产生加压素（他称之为肾上腺素），而加压素会进入肌肉并产生生理效应。20世纪60年代，伯纳德·卡茨和保罗·法特发现，肌肉纤维中的受体受到乙酰胆碱释放的刺激，从而打开肌肉膜中的离子通道，产生电流，导致肌肉收缩。

从"迷走物质"到神经递质

一个带有结论性的实验是在1921年进行的，由德国生理学家奥托·洛维进行。洛维声称他是在梦中想到这个实验的。他夜里醒来，把它写了下来，但第二天早上他看不懂自己写了些什么。当他又做了同样的梦时，他半夜从床上爬起来，立即去实验室试了一下。他的实验证明了生物电和化学物质是如何在神经冲动的传导过程

交感神经系统控制着体内的自动防御反应，为这只猫的"战或逃"反应做好准备。

中协同工作的。就像往常发生的那样，不幸的青蛙成了实验对象。

洛维知道，刺激迷走神经会使青蛙的心率减慢，刺激加速神经（交感神经）会使青蛙的心率加快。他假设这些行为使神经释放出化学物质，从而引起心率的变化；刺激迷走神经会产生一种减缓心率的化学物质，而刺激加速神经会产生一种增加心率的化学物质。洛维刺激青蛙迷走神经，直到心脏停止跳动。然后他从心脏周围收集液体，并将其添加到第二颗心脏中，而其与迷走神经和加速神经的连接都已被切断。第二颗心脏的跳动慢了下来，证实了他的假设。洛维将这种化学物质命名为"迷走物质"。后来证实这种物质为乙酰胆碱，是交感神经系统的主要神经递质。

洛维很幸运，他的实验成功了。因为他选择了迷走神经同时具有兴奋性和抑制性纤维的物种——青蛙作为实验对象，并在抑制性纤维占主导地位的冬季进行了实验。他的实验室很冷，所以分解乙酰胆碱的酶的作用很缓慢，从而使足够的乙酰胆碱可以对第二颗心脏产生影响。如果他在夏天做这个实验，可能就不会成功。

从神经到神经

使神经元向肌肉传递信号的机制——突触也能将信号从一个神经元传递到另一个神经元。虽然很容易就发现了乙酰胆碱在神经元和肌肉交界处的作用,但后来证明神经递质也在神经元之间起作用。然而,许多生理学家认为生物电是唯一起作用的力量,并拒绝神经元之间存在任何化学调解。

一种连接

在21世纪,人们发现脑中的某些突触确实具有直接的电连接。神经元作为单个单元起作用时不会释放神经递质。有时突触前终端可能会释放一种以上的神经递质。这使得神经元之间的交流比以前假设的更复杂、更灵活。

杀死或治愈

许多化学物质在神经冲动变成化学物质而不是生物电的时候会中断神经冲动的传递。突触是传输过程中最脆弱的部位。神经毒剂如沙林是神经毒素;它们被非法(根据国际条约禁止使用)用作武器。沙林通过阻断乙酰胆碱酯酶的作用而起作用;这破坏了神经冲动在突触间隙的传递。阻断这种酶的作用的后果是使乙酰胆碱加强和肌肉不能停止收缩。死亡最终由窒息引起。这与箭毒相反,箭毒的作用是防止收缩。另外,止痛药对我们的身体起作用,是通过阻断疼痛信号到达脑或在脑中。例如,阿司匹林通过阻断前列腺素的产生

而起作用。前列腺素向脑发送疼痛信号,阿司匹林可以降低我们受伤的疼痛意识。

1995年在日本东京地铁站使用沙林毒气的恐怖袭击造成12人死亡。

乌贼救援

1939年，英国生理学家艾伦·霍奇金和安德鲁·赫胥黎使用乌贼中发现的巨型轴突测试了"动作电位"模型。乌贼有很大的神经元，轴突直径约1毫米，这意味着它是肉眼可见的，易于操作。

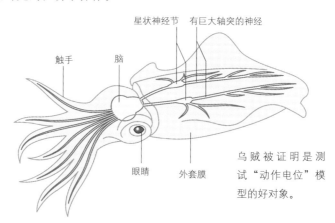

乌贼被证明是测试"动作电位"模型的好对象。

正离子与负离子

与通过电线的电流运动不同，神经信号或"冲动"源自化学物质并以离子形式通过细胞膜的通道。离子是带有正电荷或负电荷的分子。当神经元静止（不带任何冲动）时，神经元内外的负离子和正离子的浓度存在差异。在静止状态下，神经元总体上带正电荷，细胞外的液体带负电荷，因此细胞膜被极化。这被称为神经元的"静息电位"。

离子的运动由细胞膜中的蛋白质控制，称为离子"通道""门"或"泵"。离子只能在这些点通过膜。离子通过门和泵进出神经元的运动改变了细胞的极性，从"静息电位"变为"动作电位"。1902年，德国生理学家朱利叶斯·伯恩斯坦首次提出了一种观点，即神经元周围有选择性的渗透膜，并由此产生静息和动作电位。

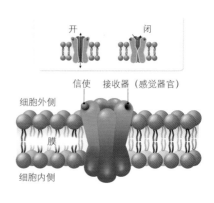

沿着轴突移动电流的原理是由伽伐尼在18世纪末提出的。他描述了一种"电兴奋"理论，在这种理论中，静息组织处于一种"不平衡"状态——准备好通过产生电信号对外界刺激做出反应。伽伐尼将他所设想的机制比作莱顿瓶——一种在内层和外层之间储存静电的装置。在他的模型中，"动物电"是在肌肉或神经纤维的外部和内部表面积累正电荷和负电荷的结果。他提出，穿透纤维表面的充水通道允许电荷进出，产生电兴奋性。他又通过与类似的莱顿瓶进行对比，提出一种绝缘的外壳，带有小孔，允许电荷在某些点通过的设想。

赫胥黎和霍奇金在乌贼巨大的轴突中发现了伽伐尼描述的机制。他们试图发现所涉及的电压以及通过细胞膜产生动作电位的离子类型。因为乌贼轴突非常大，所以他们可以用一根线穿过它，并把它连接到电极上。然后他们就可以维持和测量细胞膜上的电压。这种装置被称为电压钳，现在是电生理学研究的基本工具。

神经元要产生电脉冲，其内外的电压必须是不同的。然后，神经元形成进入或离开轴突的带电离子梯度，产生电压的快速变化——动作电位。电压钳读

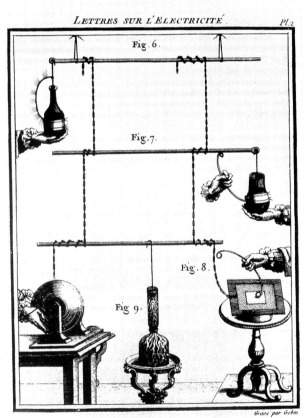

莱顿瓶储存了通过旋转玻璃球所产生的静电（左下）。然后通过罐子内层和外层导电层之间的电路，电流就可以产生火花或冲击。

取轴突的电压，并提供足够的电流使其保持在研究人员选择的水平。当夹钳不断调整电压以弥补膜间离子传递的影响时，记录的所需调整显示了离子的作用（与电压钳提供的电流相等但相反）。这使得霍奇金和赫胥黎可以测量电池中动作电位的变化电压。他们于1952年公布了研究结果。

1961年，彼得·贝克、艾伦·霍奇金和特雷弗·肖尝试用各种离子溶液取代乌贼轴突中的细胞质。他们发现通过细胞膜产生动作电位的离子是钠离子（Na^+）和钾离子（K^+）。当神经元处于静止状态时，细胞膜对钾离子的渗透性较强，而当动作电位被激发时，细胞膜对钠离子的渗透性较强。

连接和神经连接体

到20世纪末，已经建立了对神经系统机制的基本了解。很明显，冲动以动作电位的形式沿着神经元传递，由带电荷的离子产生。通过突触间隙释放的化学物质"跳跃"突触间隙。这将启动下一个神经元的电信号，或促使相邻的肌肉收缩。接下来还需要研究复杂的网络连接和它们的作用。

阿尔茨海默症

阿尔茨海默症导致人痴呆和行为改变。尸检显示脑中的斑块积聚由淀粉样β蛋白构成，这是一种脑活动的天然副产物。这种蛋白质通常会被人体自然清除掉，但是对于患有阿尔茨海默症的人来说，清除机制不能正常工作，并且会形成黏性斑块，从而阻止信号穿过突触。2016年，用阿尔茨海默症小鼠进行的实验表明，用脑酶BACE1治疗可以防止淀粉样β蛋白结合在一起并阻止斑块的发展。这可能会发展成阿尔茨海默症的治疗方法。

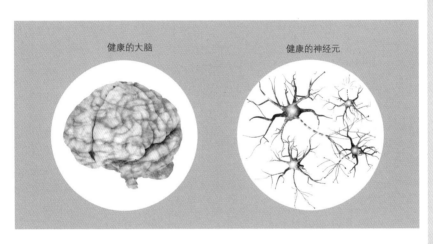

健康的大脑　　　　　　　　　健康的神经元

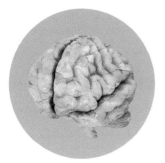

阿尔兹海默症患者的大脑

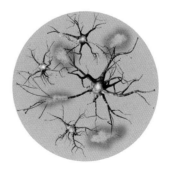

病变的神经元

外围神经系统（PNS）是最容易探索的，因为追踪神经元到它们在皮肤、肌肉、内部器官或感觉器官中的末端是相对简单的任务。但人体中的大部分神经元都在脑内部，形成了中枢神经系统的一部分。弄清楚它们在做什么以及它们是如何连接的——每个神经元都可形成多达7000个连接——是一项艰巨的任务。

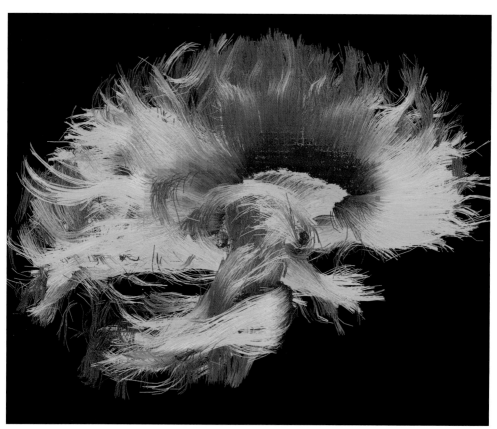

这张健康脑的MRI扫描显示，水样的运动轨迹展示了脑内的连接。

然而，人类连接组计划（HCP）主动承担了这一任务（连接组本质上是一个脑或有机体的接线图）。这一计划由华盛顿大学、明尼苏达大学和牛津大学的研究人员完成。该研究旨在利用尖端的神经成像技术，绘制1200名健康成年人的脑图谱，每季度发布一次（从2013年开始）。它相当于神经科学中的人类基因组计划，它雄心勃勃、令人生畏，提供了对健康和不健康脑运作方式的极有价值的见解。

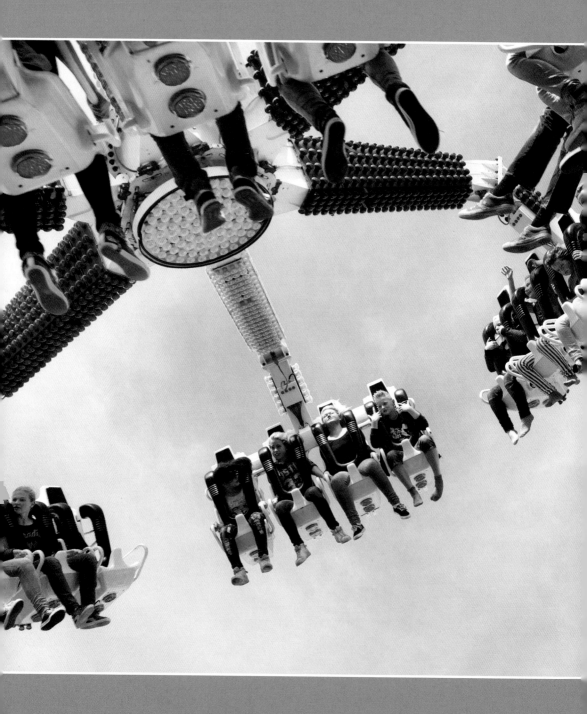

第六章

感觉和感知力

感觉是经由神经媒介，通过外部原因的作用获
得某种性质或条件的反应，它不是源自外部的
身体，而是源自神经本身。

——约翰内斯·穆勒，1840年

运动系统的主要任务是使肌肉收缩从而产生运动，
而感觉系统的主要工作是检测来自体外和体内的刺
激。这些刺激包括光、声、气味、触觉和味觉，由
脑处理，使我们能够与周围环境互动。处理结果可
能激活运动系统，或者它们可能保留在脑内部，产
生记忆、理解或情绪。

像这样的车轮式旋转为脑提供了大量的感觉信号，产生了身体
和情绪反应。

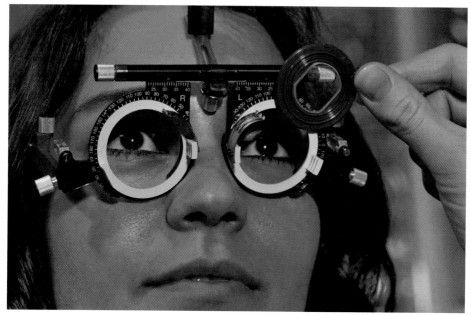

验光师可以通过眼镜或外科手术来纠正感觉器官（眼睛）的缺陷，但解决源自神经或脑的视力问题则困难得多。

工作的划分

即使是古人，也区分了获取数据的感觉器官和将数据加工成我们有意识的感官体验的"感知器官"（不管是脑还是心脏）。该机制可分为：接受刺激，把刺激转移到感觉器官，处理刺激。

早期的感官研究集中在感官知觉如何机械地工作。后来，科学家们开始想知道，这些感觉有多少共同之处，又有多少不同之处。

内部和外部

外部感官——视觉、听觉、触觉、味觉和嗅觉——都与我们的身体和外界的关系有关。这意味着在发现它们是如何工作的过程中，我们不仅需要知道关于我们的神经和脑工作方式的信息，还需要了解一些关于物质是如何构造的知识，以及光和声音等现象的知识。在我们对光学、音频和化学等学科有很好的理解之前，我们真的很难知道我们的感官是如何工作的。

思维的眼睛

第一个需要广泛探索的感觉是视觉。在某种程度上，这可能是因为视觉对我们来说非常重要，但也可能是因为视觉是一种我们可以很容易关闭的感觉，简单到只要闭上眼睛就可以了。

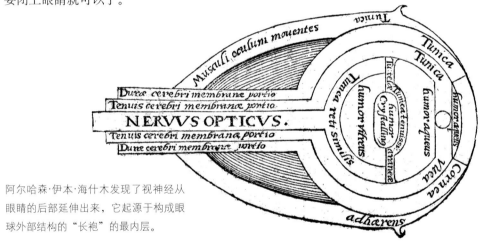

阿尔哈森·伊本·海什木发现了视神经从眼睛的后部延伸出来，它起源于构成眼球外部结构的"长袍"的最内层。

携带印象——进与出

也许正是这种"关闭"视觉的能力导致了这样一种想法：眼睛发出某种光线，捕捉物体的印象。这就是我们所知晓的"发散"或"视觉外延"理论，起源于公元前5世纪的阿尔克迈翁和恩培多克勒。德谟克利特解释了这个观点，他说物体向四周发散一些东西，再形成自身的印记。古希腊哲学家提奥弗拉斯特斯（约前371～前287）认为物体和眼睛之间的空气就像固体一样，所以在空气中产生的印象就像印章一样被盖到眼睛上，形成视觉。

"视觉外延"理论遭到了明确的反对，那就是如果光线来自眼睛，捕捉周围物体的图像，那么我们应该能够在黑暗中看到东西。恩培多克勒对此给出了一个答案：来自眼睛的光线与一些外部光源（如太阳光线）之间存在某种相互作用。在恩培多克勒发表了他的观点之后，柏拉图、托勒密和盖伦都支持了"视觉外延"理论，直到18世纪，这一理论在欧洲和阿拉伯世界仍具有相当大的影响力。

另一方面，亚里士多德更倾向于"引入理论"——光被带到眼睛中。他的观点得到了一些中世纪阿拉伯学者的支持，他们在光学和视觉方面写了大量文章。

在10世纪早期，阿尔-拉济写过瞳孔如何收缩和扩张，在11世纪，海什木评论说强光会伤害眼睛。伊本·西那也支持"引入"观点。但是，这些论点还不足以取代"视觉外延"理论而成为受欢迎的模式。

光学和视神经

盖伦认为视网膜和视神经是脑的延伸。他提出"视觉精神"沿着视神经传播，穿过眼睛到达晶状体，他认为晶状体是视觉系统的主要组成部分。他相信，在晶状体上，灵魂与眼睛外部的光线混合，获得视觉印象，然后沿着

达·芬奇所画的眼睛和脑的图像显示，视神经进入脑前部。

视神经返回脑。将近1000年后，萨勒诺的尼古拉斯大师描述了同样的系统。

潮流变了

莱昂纳多·达·芬奇最初是"视觉外延"理论的支持者，但在14世纪80年代或90年代的某个时候改变了主意。1583年，瑞士医生菲利克斯·普拉特质疑了这样一种观点，即在接收视觉信息方面，晶状体是眼睛最重要的部分，而视神经是视觉的主要器官。这为考虑视网膜的重要性开辟了道路。

从光到视觉

笛卡尔是第一个尝试用光和身体的物理机制来解释感知的人。他有效地将视觉分为两部分，一部分是机械性的，另一部分是由脑读取视觉信息并构建视觉。这符合笛卡尔的二元论模型，即身体和灵魂

> ### 如何解剖一只眼睛
>
> 达·芬奇建议将一只眼睛从尸体上取下来，放在蛋清中煮，熟后会固定在煮熟的鸡蛋里。这样切片检查就更容易了（当然，那时还没有显微镜）。

是分离的，但二者有所交流。这也大致符合我们对视觉的看法。我们现在知道颜色是物体表面反射特定波长的光和视网膜中对特定波长敏感的细胞兴奋的结果。这被脑解释为我们看到的颜色。尽管其物理理论是错误的，但笛卡尔正确地让脑从感官输入构建了色彩体验。

学会去看

笛卡尔赋予脑一种天生的能力，可以阅读来自眼睛的信息，以便看到和解释所看到的东西。在笛卡尔死后很久的1688年，爱尔兰自然哲学家威廉·莫利纽兹给约翰·洛克写了一封信，信中他

> ### 持续的眼神交缠
>
> 在17世纪早期，英国诗人约翰·多恩依旧自信地运用"眼束"的概念：
>
> 我们的眼束交缠，拧成双股线穿入我们的眼。
>
> ——约翰·多恩（1573~1631），
> 《出神》

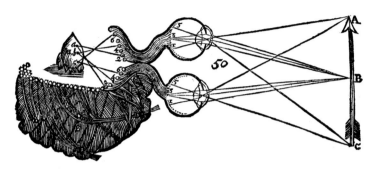

笛卡尔关于眼睛和脑的插图显示视神经在进入脑时突然中止。

问，如果一个人从出生就失明，之后突然恢复了视力，他是否仅凭视觉就能分辨出立方体和球体。这个问题被称为莫利纽兹问题，引发了关于视觉是先天的还是后天习得的争论。莫利纽兹认为这是后天习得的，那个突然看见的人是分不清立方体和球体的。这个人会有一个"图式"——一个世界的模型，它通过触摸开发出来，但是没有自动的方法将他看到的东西映射到这个图式上。洛克同意这种观点。

事实证明这两个人都是对的。2006年，在印度和美国进行了一项测试，测试对象从出生就失明，但在手术后能够看到东西。结果显示，受试者天生无法将视觉数据与通过触摸建立的图式联系起来，但他们至少可以到童年晚期时"学会看东西"。经过一段时间的测试后，研究对象拥有天生视力的人80%～90%的识别技能。

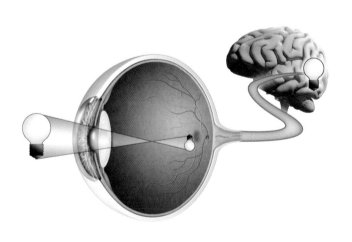

视网膜产生的上下颠倒的图像在脑中被处理，这样它就能以正确的方式被看到。

回到光线

1604年，天文学家约翰尼斯·开普勒（1571～1630）描述了透镜如何将图像聚焦在视网膜上，并将视觉信息传递给脑。开普勒理论的主要难点在于，以这种方式摄取的图像会被透镜倒转过来，但我们看到的世界不是颠倒的。然而，事实证明这是正确的——尽管我们不这么看，但图像确实是倒转的。笛卡尔甚至用牛的眼球证明了这一点。事实上，我们的视网膜确实接收到一张把所有东西都颠倒了的图像，但我们的脑却将它正过来了。开普勒也提出了同样的观点，但他表示，他的工作不是担心这是如何发生的，而是他怀疑"灵魂的活动"让图像朝正确的方向发展。

颠倒看世界

19世纪90年代，心理学家乔治·M.斯特拉顿用一种特殊的眼镜对视力进行了实验，这种眼镜会遮住一只眼睛，或者将他看到的图像翻转或颠倒。他发现，当他在几天内看到翻转或颠倒的世界时，他的脑总是能适应这种变化，并纠正图像。而当他不再戴眼镜时，他也经历了同样的倒置，直到他的脑再次校正图像。

牛顿的眼睛

艾萨克·牛顿（1642～1727）是一位博学奇才，他的研究所涉学科涵盖了物理学、天文学、光学和炼金术。他对光线的研究让他对自己的视觉进行了实验，刺激他的视神经在不同的条件下传输不同的图像。他一点儿都不娇气拘谨，并且很乐意用手指、针和黄铜板给他的眼睛施加压力，以扭曲眼球并发现其效果："我把一个锥子放在我的眼骨附近。我尽可能地让它接近我的眼球后部，用它的尾端按压我的眼睛……眼里出现了许多白色、黑色和彩色圆圈。"

艾萨克·牛顿在他自己的实验中，无所畏惧，甚至到了疯魔的地步。

牛顿注意到，如果他直接看太阳，再看一张白纸，他可以看到一个不存在的圆圈。然后他发现他可以通过想象自己在看太阳来复制这一过程。他得出的结论是，视觉可以被操纵，或者是视觉神经被欺骗，从而传递一些并不存在的东西。这表明视觉一定不完全是一个机械的过程，否则幻想怎么能让他看到一些不存在的东西呢？他得出的结论是，我们看到的东西受到神经的影响——因此，如果他把眼睛压扁，他就会看到奇怪的效果——他还认为，知觉中可能有某种"精神"。这与笛卡尔关于身体是一种机器的观点相左，笛卡尔的观点完全用机械论的术语来解释。

在他们之间，莫利纽兹和牛顿讨论了视觉的两个不同方面。牛顿专注于物理和光学。莫利纽兹更感兴趣的是脑如何利用眼睛收集和传递信息，即"灵魂的活动"。

破碎的彩虹

英国物理学家托马斯·杨因创立了光的波动理论而闻名。他在1802年提出，眼睛中可能有三种受体，用来探测三种原色。从这些原色中，所有其他颜色可以通过混合不同比例的原色来感知。

显微镜技术的进步证明他是对的。1838年，约翰内斯·穆勒在视网膜上鉴别出了一层形状看起来像是紧密排列在一起的棒状物。1852年，鲁道夫·冯·科尔力克鉴别

听见声音与听觉

正如了解视觉与光学的发展紧密相关，了解听觉与理解声音是如何工作的也紧密相关。之前这方面的研究进展缓慢，直到1660年罗伯特·博伊尔发现声波必须穿过一种介质（如水或空气）才有希望传播。而直到18世纪中期，丹尼尔·伯努利对振动和频率的研究才使人们对声音有了更多了解。

出了分开的视杆细胞和视锥细胞。接下来的数十年，麦克斯·舒尔策提出了两种不同类型的受体处理不同的视觉方面的观点：视杆细胞使夜视成为可能（深浅不一的灰色），视锥细胞使日光下的色觉成为可能。在20世纪，随着受体细胞内不同的化学物质对不同波长的光做出反应的发现，确切的机制变得清晰起来。

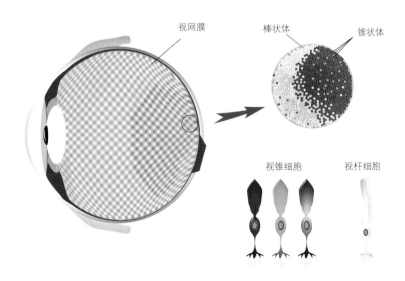

视网膜

棒状体 锥状体

视锥细胞 视杆细胞

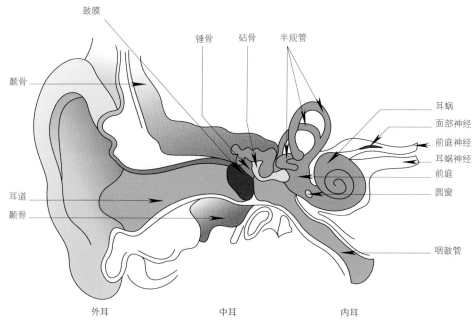

耳朵外部和内部的解剖结构

内气和内耳

耳蜗植入设备

1982年发明的人工耳蜗可以帮助那些由于耳蜗毛发受损而无法听到声音的人。耳朵外部的一个装置对声音进行数字编码，并将其传送到植入内耳的设备上，通过直接刺激耳朵中的神经来绕过听觉过程，将信号发送到脑。

古希腊人几乎一致认为，耳朵里有一种纯净的空气，随着胎儿在子宫里发育而来。外界空气的振动被认为是通过耳朵传递给内部空气的，而内部空气通过声音印象传递给脑。这种特殊的"内气"概念一直延续到18世纪，甚至在外耳、中耳和内耳的解剖结构被发现时也是如此。

毛发，不是空气

中耳确实充满了空气，但它并不是一种特殊的空气，它只能将声波传递到内耳。内耳是一个叫作耳蜗的螺旋管，耳蜗充满液体，有一层覆盖着细小绒毛的膜。中耳的振动通过液体传递到毛发。毛发与受体有关，当毛发移动时，受体会发出信号。在细胞膜不同区域的毛发被不同的声音频率激活（被解释为音调）。

1851年，意大利解剖学家阿方索·科尔蒂在耳蜗中发现了细小的毛发，瑞典神经解剖学家古斯塔夫·雷兹尤斯观察到了耳蜗附近的神经末梢，但直到1937年，人们才对耳朵的神经有了正确的认识。西班牙神经科学家拉斐尔·德诺表示，每根毛发都包含一到两根神经纤维，而每根神经纤维只能分裂进入几根毛发。毛发的运动触发了神经递质的释放，继而神经递质触发耳蜗神经向脑发送信号。

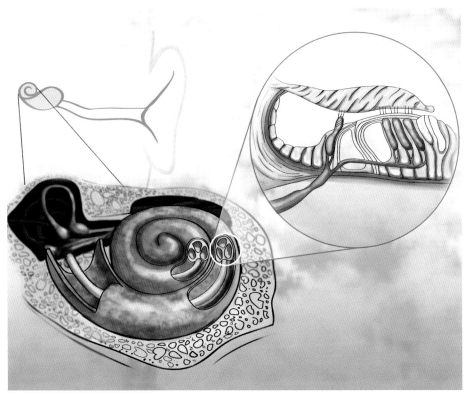

耳蜗中毛发和神经的排列。

麦格尔效应

通常情况下，我们的脑会把我们的感官信息组合起来，成功地解释一个复合刺激，比如我们既能看到又能听到的东西。但是，如果来自两种感觉的信息发生冲突，其中一种就必须占优势。语音感知是多模态的——它需要声音信息和视觉信息（如果我们能看到说话人的嘴唇的话）。

1976年，英国心理学家哈里·麦格尔发现了一种效应，如果我们看到嘴唇形成一种声音，但播放的是另一种声音，那么我们意识到的声音是与嘴唇的动作相匹配的，而不是我们听到的声音。这可以用声音"ba"来演示：首先播放"ba"来匹配说话者嘴的运动，然后嘴唇形成"fa"音。那么主体听到的是"fa"而不是"ba"，因为视觉比听觉占据优先位置；在某些情况下，受试者可能会听到第三种声音，作为冲突信号之间的妥协。

在这里所听见的

在19世纪，流行着关于耳朵如何接收声音的两种模型。在一种模型中，耳朵内不同的位置被认为能接收不同的声音；在另一种模型中，耳朵内部没有定位。这反映了当时关于脑功能定位的争论。赫尔曼·冯·赫尔姆霍兹将专门化发展到极端的程度，他认为人类耳朵能分辨的5000种不同音调中，每一种都有不同的受体。

听觉的定位不必像赫尔姆霍兹对每种可能的声音的不同受体的要求那样具体。更常见的模型是耳蜗不同部位能接收高频和低频声音（耳蜗是耳朵内部的螺旋状器官）。这一理论的证据来自对那些因多次暴露在噪声中而听力受损的人的调查，尤其是那些在铁路边工作的人。它还依赖于将动物（通常是豚鼠）暴露在靠近它们耳朵的噪声中，直到它们的听力最终受损。结果表明，播放高频噪声会损伤耳蜗的基底区域。

研究人员认为，耳蜗的不同区域与感知不同频率的声音有关。但发现的损伤并不局限于他们认为在实验中检测到的频率声音的区域。虽然重复接触高频声音很容易造成听力损害，但高音量下的低频声音却没有相同效果。似乎低频声音的感知并不是以同样的方式局限于耳蜗。

"电话"系统

威廉·卢瑟福所称的听觉"电话理论"是局部理论的另一种选择。他认为耳朵分辨不出声音，但所有的毛发会对所有的声音做出反应并振动。振动被转化为神经振动，由听觉神经传递到脑。在那里，脑对它们进行解释，并将各种有关频率和振幅的信息组合在一起，产生"声音的感觉"。

威廉·卢瑟福提出了一种新的听觉模式——这种模式脱胎于19世纪的机电发展。

舌头和味觉

味觉是一种不同的感觉，因为明显涉及物质。古希腊人普遍认为味道是由微小的颗粒进入舌头的毛孔并被运送到负责处理感觉输入的器官——无论是心脏还是脑——而产生的。德谟克利特认为微粒的形状决定了它们与身体的相互作用：大的圆形微粒产生甜味，大的角形微粒产生涩味，等等。

亚里士多德的模型略有不同。他确定了七种基本口味：甜、酸、苦、咸、涩、辛辣和刺激。他相信味道的品质转移到舌头并由血液带到心脏（他认为的控制中心）。盖伦注意到舌头必须湿

被放大的舌头上的乳状突起。

润才能使味觉正常发挥作用，所以唾液腺包含在味觉系统中。他试图弄清楚舌头的神经分布，但是他关于哪个神经负责移动舌头以及哪些神经系统涉及味觉的想法是错误的。

四个基础味道

1880年，马克西米连·冯·文特施高尝试了许多命名基本口味的方法，并最终将其简化为四种基本味道——甜、酸、苦和咸。然而，争论仍在继续，一些人认为基本味道远不止四种，一些人则认为基本口味没有四种。可能存在不同的过程来感知这四种基本的味道，这是由于人们发现了像可卡因这样的麻醉剂对味觉的影响是不同的，使用后能首先察觉到失去对苦味的感知（在痛觉丧失之后）。发现舌头不同部位对不同口味的敏感度差异的工作始于19世纪20年代，但在19世纪90年代变得更为细化，并在20世纪初被量化。

从18世纪开始，舌头并不是唯一能够感知味觉的器官的说法逐渐显现。生理学家克劳德·勒·卡特在1750年透露，他研究过两个没有舌头的孩子（一个出生时没有舌头，另一个因感染失去了舌头），他们都能辨别味道。

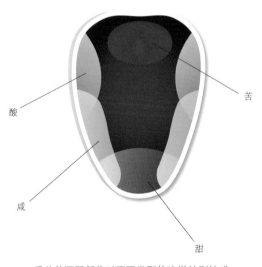

舌头的不同部位对不同类型的味觉特别敏感。

从味蕾到味觉

哪怕是再不漫不经心的观察者都可以看到舌头上布满了明显的乳状突起。1747年，阿尔布雷希特·冯·哈勒提出，它们可能是味觉器官，约翰内斯·穆勒和查尔斯·贝尔在随后的一个世纪都同意了这一结论。贝尔用一根金属探针戳了一下乳状突起，证明了它们中的一些是用来检测触觉，另一些则可以检测味觉（在这个例子中是金属的味道）。但后来由瑞典内科医生哈尔马尔·奥尔沃尔（1851~1929）进行的一项研究表明，乳状突起并非专门用来检测特殊口味。他发现大多数乳状突起可以检测出至少两种不同的味道，但显然有更精细的器官来检测味道。

为了确定舌头的哪个部位对不同的口味最敏感，人们进行了大量的工作。很明显，味觉的敏感度会随着年龄的增长而变化：婴儿和小孩的味觉比成年人发达，味觉的敏感度在45岁后会下降。

味蕾最早是1867年由研究动物的科学家独立发现的，很快也在人类的舌头上发现了。事实证明它们很难被准确捕捉。研究者对每个乳状突起上味蕾数量的估计差异很大，并且发现味蕾之间靠得太近，实验者无法单独研究它们。

神经为味觉服务的细节，以及脑中处理味觉的位置，一度都被认为是很难解开的难题。检查病变或切断神经并记录其影响的传统由来已久，但与其他感官相比，味觉的作用要小得多。很少有病变对味觉有明显的影响，而且癫痫患者的味觉体验比其他类型的先兆更少。（先兆是一种感觉障碍，比如看到一束光或闻到一种没有外部触发的气味。）苏格兰神经学家大卫·费瑞厄将味觉与额叶联系起来，这一观点直到20世纪中期才被普遍接受。这之后，对有枪伤的病人进行检查，对有意识手术的病人进行脑电刺激，结果显示味觉是在皮层顶叶中处理的。

敏感的皮肤

从古希腊开始，人们就在"皮肤到底是一种感觉还是几种感觉"上产生了分歧。感觉发热和感觉发痒或针刺不一样，所以它们在任何意义上都是一样的吗？11世纪的伊本·西那、13世纪的阿尔贝图斯·马格纳斯、16/17世纪的弗朗西斯·培根、18世纪的伊曼努尔·康德等人都曾探讨过是否意义相同以及如何细分触觉。

触觉类型

皮肤是我们最大的感觉器官。它覆盖了整个身体，能够检测到几种刺激，现在分为热、冷、触感和疼痛。

在公元前4世纪，亚里士多德区分了触觉的成对特性，如硬和软、热和冷。盖伦认为，识别这些特质是一种基于之前经验习得的反应，因此在接受刺激时并没有太大的本质区别。他认为，周围神经的信息会传递到脑，然后在脑中对其进行解释，以确定其性质。

一个人在揭开膏药时表现得畏惧。

从伊本·西那开始，解剖学家试图对皮肤能感知的各个方面进行划分，但并不一定认为它们的感觉不同。1844年，波兰科学家路德维希·纳坦森（1822～1871）提出，触觉可以分为三个部分，每个部分都有自己的受体器官：温度、触感和痒感。他想，疼痛是同时激活这三者的结果。他将这一理论建立在他的观察上，即当肢体"进入睡眠状态"时，对这些不同刺激的敏感性会逐一且有序消失。赫尔曼·冯·赫尔姆霍兹提出了感觉方式的概念，将皮肤的感觉接收分为不同的区域，然后沿着一个连续体感知。19世纪末，奥地利出生的生理学家马克斯·冯·弗雷（1852～1932）提出了一个流行的观点，即本质上有四种不同的影响皮肤的模式——触感、疼痛、温暖和凉爽。目前公认的模式是触感、压力、振动、温度（通过不同的纤维感受冷热）和疼痛。19世纪的神经学家把现在被称为触感、压力和振动的东西归为一类。

神经末梢在1741年由亚伯拉罕·瓦特首次发现，1831年由菲利普·帕奇尼重新发现。此后，不同类型的受体在1848年到1930年之间被描述和命名。最初的研究只集中在描述上。

最小可觉差

19世纪30年代，德国内科医生恩斯特·韦伯（1795～1878）首次提出并探讨了不同类型的感觉可能被不同的受体检测的观点。他把皮肤想象成一个个由神经支配的小区域组成的马赛克，并着手研究它们之间的紧密程度——也就是皮肤的敏感度。韦伯的工作开始于发现皮肤不同的神经末梢之前，他认为触觉包括温度、压力和位置，这些方面并不是独立运作的。关于最后一点的一个例子，他引用了证据表明来自寒冷物体的压力似乎大于来自同样重量的温暖物体的压力。

韦伯最著名的成果是关于"最小可觉差"（JND），这是我们区分感觉的阈值。他从感知重量（或压力）差异的能力开始，发现我们需要改变刺激的百分比才能注意到差异，但具体的阈值因人而异。

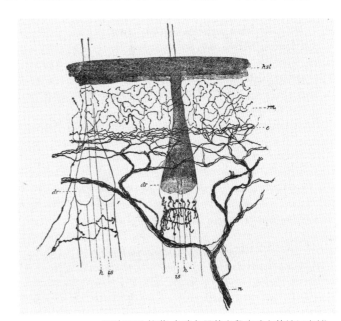

圣地亚哥·拉蒙·卡哈尔画的老鼠皮肤上的神经末梢。

例如，一个人可能会察觉到一个重30克的物体和一个重31克的物体之间的差别，但一个60克物体的重量需要增加到62克，才能被明显地感受到发生了变化。他发现了几种不同感知类型的阈值，并将他的发现纳入了韦伯定律。

只是一点小刺——或者两点

韦伯的敏感性测试之一是用两支圆规分别点按在皮肤上，以确定受试者何时能够区分一种感觉和两种感觉。如果点按处非常接近，它们会被视为单一的刺激。

他发现，辨别两点的能力在身体不同部位之间存在差异，并随着疲劳而减弱。韦伯还研究了我们定位感觉的能力，让被蒙住眼睛的受试者指出他们皮肤上被触摸的确切位置。

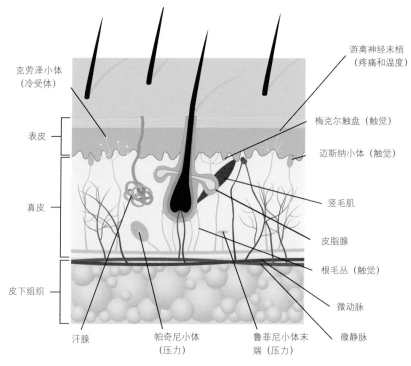

皮肤中不同类型的感觉受体

神经末梢与感觉相匹配

不同类型的神经末梢是由19世纪的各种解剖学家发现的，包括威廉·克劳泽（克劳泽终球或克劳泽小体），格奥尔格·迈斯纳（触觉小体，又译迈斯纳小体），弗里德里希·梅克尔（梅克尔细胞），菲利普·帕奇尼（环层小体，又译帕奇尼小体），安吉洛·鲁菲尼（鲁菲尼小体）以及鲁道夫·瓦格纳（一种神经中枢），但并不是很清楚它们的功能都是什么。决定哪种类型的神经末梢应该与哪种模式相关联，最初只是碰运气，而不是基于严格的解剖学证据。冯·弗雷提出触觉与毛发受体和迈斯纳小体有关，疼痛与游离神经末梢有关，温暖与寒冷分别和鲁菲尼小体与克劳泽小体有关。对于这些配对的情况，他没有特别好的理由，他选择将游离神经末梢与疼痛联系起来，仅仅是因为它们太多了。

皮肤的神经末梢

神经学现在能识别六种感受机械刺激的皮肤受体和四种其他类型的受体。它们的功能有重叠部分，在它们之间，能产生触感、压力、振动、热、冷和疼痛的感觉。在1831年，菲利普·帕奇尼发现了可以感受压力和振动的受体。格奥尔格·迈斯纳和鲁道夫·瓦格纳在1852年发现了对光线接触敏感的受体，而威廉·克劳泽在1860年发现了一种对轻微振动敏感的受体。1882年，马格纳斯·布利克斯发现了温度敏感受体。马克斯·冯·弗雷在1896年发现了与疼痛有关的点。

根据提供不同类型的终端设备，我们可以发送电报、摇出铃声、引爆地雷、分解水、移动磁铁、让物体发光等。因此，对于神经而言，可以在它们中产生并且在它们中传递的兴奋状态到处都是相同的，这在神经的孤立纤维中可以被识别。但是当它被传递到脑的各个部位或身体上时，它产生运动、腺体的分泌，可以感知到光、听到声音，等等。

——赫尔曼·冯·赫尔姆霍兹，1863年

有两种实验方法可以精确显示每种受体的作用。一种方法是切掉一些感受器，看看哪一种感觉消失了；另一种方法是对皮肤部位施加不同类型的刺激，然后检查那里的神经末梢，并将它们与受试者报告的感觉进行比较。发现某些特定于离散刺激类型的点比将受体与功能匹配更容易。

19世纪80年代初，瑞典生理学家马格纳斯·布利克斯在自己的皮肤上做了实验，一次只对很小的区域施加很小的电流，然后观察它产生的感觉。他报告说，同样的刺激可以在不同的地方产生触感、热和冷的感觉。他认为更有可能的是，他发现的是神经本身的特异性而不是受体的特异性。他进行了进一步的实验，发现在皮肤上的不同部位（也就是不同的神经或受体）可以检测到热和冷，对压力和疼痛的感知也有区别。

艾尔弗雷德·戈德沙伊德在1884年用他自己的实验证实了布利克斯的发现，但同时也表明，有时可以通过刺激皮肤下的神经纤维而不是其接收端来产生同样的温度感觉（尽管有困难）。他区分了三种不同的触感强度——痒（最轻的）、触摸和疼痛。他不认为疼痛需要单独的受体，但他发现，如果触摸的压力增加，一些触觉受体（虽然不是所有的）会记录疼痛。他推测，当强烈的刺激导致神经放电溢出进入脊髓灰色物质的一个特殊通路时，疼痛就会发生。疼痛刺激的受体——伤害性感受器——现在被认为与接触、振动、热和冷的受体不同。下一章将讨论疼痛的具体情况。

美国人亨利·唐纳森也重复了布利克斯的实验。他后来让一位外科医生切除了他自己对热和冷敏感的一个部位的皮肤，却无法识别受体。

神经特异性

特异性的概念并不局限于受体，而是扩展到神经。1847年，韦伯首次尝试阻断与寒冷相关的神经传递信号，随后其他研究人员也开始尝试阻断不同类型的感觉。这是一种信念，即神经分别用于感觉热、冷和触感，这被称为"神经特异性"。亚历山大·赫尔岑在1885年指出，如果使用止血带来阻断神经，那么在一系列的冷、触、热、浅痛和深痛刺激中，感觉就会消失。当止血带被取下时，感觉以相反的顺序呈现。这在保护机体方面是有意义的——疼痛是最重要的感觉，因为它促使我们远离伤害。

对特定纤维的关注和研究始于20世纪。1916年，斯蒂芬·兰森报告说，在猫身上切下某些细小的神经纤维可以消除疼痛感。1929年，约瑟夫·厄兰格和赫伯特·加塞尔在美国进行了更全面的研究，他们发现神经纤维分为三组，厚度与传播速度相关。最厚的是A纤维，传输速度最快，最薄和最慢的是C纤维。疼痛与最小的纤维有关，热、冷感和中等大小的纤维有关，而触觉、肌肉、感觉和运动的纤维最大。虽然纤维不同，但传输的信号性质是相同的。

从内到外

虽然我们在这里专注于皮肤中的感觉受体，但是全方位的体感功能包括关节、骨骼、肌肉以及其他内部部位和器官中的受体，也让我们了解自己的位置，感知振动和运动。此外，还有一些我们从未或很少意识到的受体和信号，通常构成副交感神经系统的一部分，参与维持我们的身体功能（呼吸、泵血、消化食物等）。

从感觉到感知器官

虽然感觉器官对不同的刺激有特殊的反应是很明显的，但与脑交流的方式是否有特殊的反应，并不是马上就能看出来的。舌头和脑的交流、眼睛和脑的交流是一样的吗？产生不同类型印象的感觉的信息在其感知方法、传播方法，或者仅仅在脑中的解释是不同的吗？

不同种类的能量

苏格兰神经学家和外科医生查尔斯·贝尔在1811年写道："每个感觉器官都有接受某些变化的能力，可以发挥作用，但它们却完全无法接受另一个感官的印象。""这可能是一个暗示，决定我们感官体验的不是刺激，而是受到刺激的器官。"然而，贝尔的研究并不广为人知。

1826年，德国生理学家约翰内斯·穆勒提出了他的"特殊神经能量"理论，并提出了与贝尔相同的观点，但也说明这不仅与感觉器官有关，也与服务于它们的神经有关。他说，无论感觉器官受到怎样的刺激，它只能向脑传递常规类型的信息。例如，正如艾萨克·牛顿所注意到的，眼睛通过产生视觉感受，对光和压力做出反应。

穆勒指出，不同感觉器官的神经传递的信息具有器官特有的性质。穆勒是一个充满活力的人，他认为生物具有某种生命能量，而这种能量是科学无法完全解释的。即便如此，他还是为现代综合生理学方法奠定了基础，该方法将人体和比较解剖学、化学、物理学的各个方面与生理学结合起来。他指导和影响了19世纪许多伟大的生理学家，包括杜波伊·雷蒙德、赫尔姆霍兹和施旺。

尽管穆勒关于不同类型的能量的原理是错误的，但他在正确的方向上迈出了重要的一步，他推测外部刺激（光、声音等）的本质并不是决定脑产生感官印象的因素。赫尔姆霍兹在19世纪50～60年代发展了穆勒的学说，认为特定的神经能量可以解释不同颜色、音调等的不同感知。这让他想到了5000种不同类型的

> **联觉**
>
> 联觉是自然发生的，当一个单一的刺激被脑的一个以上的感觉区域处理时会发生的情况。例如，有联觉的人在听到声音时会看到颜色和形状。联觉可以有多种形式，可以从出生开始出现，也可以在脑损伤后出现，其机理和原因尚不清楚。许多有过这种经历的人认为这是一种天赋而不是残疾。

声音感受器。

相同的信号，不同的体验

相反的观点是——在所有类型的神经纤维中传播的类型是完全相同的。杜波伊·雷蒙德是穆勒的学生之一，他更喜欢这种观点。他提出，如果我们能把眼睛和耳朵的神经在脑中交换，这样听觉神经就能进入视觉皮层；反之亦然，我们就能用耳朵看到雷声，用眼睛听到闪电。

1912年，洛德·阿德里安证明了所有神经所携带的能量类型确实是完全相同的：以动作电位的形式存在的电能。我们感受刺激的方式取决于刺激是由神经传递到脑的哪一部分。所以来自视神经的信息总是会以视觉形式被解释。

放在一起

关于感觉器官如何从感官输入中建立经验的早期模型表明，所有的感觉神经都进入第一脑巢的感知区域。在这里，脑应该把感知事物的不同方面——比如，狗的视觉、声音和感觉——组合在一起，形成"狗性"，即狗对视觉、听觉的体验。当然，这完全是假设。

约翰内斯·穆勒的照片。

感知和理解

戈特弗里德·莱布尼茨把所有的知觉分解成许多无穷小的元素，他称之为"微小的知觉"。（莱布尼茨和牛顿是微分学的鼻祖，微分学的原理是把大的现象分解成小的部分。）他举了我们听到海浪拍打海岸的声音的例子：声音来自许多微小的水体运动，这些水体运动加在一起，噪声是很大的，但如果我们单挑一个移动的水滴，它会太安静，让人听不到。

即使这些微小的运动看起来毫无意义，加在一起我们就能感知大海，所以一种感觉是不可能由许多无关紧要的事情组成的。莱布尼茨提出，存在一个临界点，他称之为"阈值"，在其之上，我们意识到一种现象，而在其之下，则被我们忽

同样的原因，如电，可以同时影响所有的感觉器官，因为它们都对它敏感；然而，每一个感觉神经都以不同的方式对它做出反应。一个神经感知它是光，一个听到它的声音，另一个闻到它的味道；一个尝到了紧张，另一个觉得它是痛苦和震惊。一个神经通过机械刺激感知发光图像，一个神经通过嗡嗡声听到它，另一个神经感觉它是疼痛……那些感到被迫考虑这些事实的后果的人不得不意识到，某些印象对神经的特定敏感性是不够的，因为所有的神经都对同一个原因敏感，却以不同的方式对同一个原因做出反应。

——约翰内斯·穆勒，1835年

略。当大量的微知觉足够引人注目时，他称之为统觉——所以统觉是觉知的起点。在门槛之外，我们仍然没有意识到微知觉，这可能是潜意识的一个暗示。基于这种感知阈值的概念，韦伯探索并得出了"最小可觉差"。

所见并非所得

有趣的是，当穆勒提出他的特定能量学说时，他指出，脑接收到的不是外部世界的信息，而是神经状态的信息。正是这一点被解释为给予对声音、光、压力或任何特定神经能够传达的感觉："感觉的特质是接受……我们对某些特质或条件的了

我们中的许多人会争辩说，不管科学模型怎么说，狗的视觉、听觉、嗅觉和感觉给了我们一种"狗性"的综合体验。

感觉和感受

　　并非所有的神经纤维都是相似的。髓鞘神经比无髓神经更快地携带动作电位，而较大直径的神经比较薄的神经更快地传递信号。触觉通过两种类型的纤维传递到脑，一种是快速的，一种是慢速的，它去了脑的不同部位。第一种信号有助于定位触觉，并进入躯体感觉皮层。第二种信号进入岛叶皮层，后者处理情绪并提示对触觉的情绪反应而不涉及有意识的思考。这种机制被认为对新生儿建立脑连接很重要，如果被剥夺了，新生儿就无法茁壮成长。

"橡胶手"错觉

我们的感官使我们意识到身体的每一部分在哪里，它与什么接触——但我们可能被愚弄。橡胶手错觉证明了这一点。实验对象的手藏在屏幕后面，橡胶手放在一个看起来像他们自己手的位置。他们的真手和橡胶手在同一时间用刷子以同样的方式抚摸。过了一会儿，这个人开始觉得橡胶手是他自己的——如果橡胶手突然被锤子击中，他会退缩。橡胶手错觉首次被提出是在1998年。它似乎显示了脑的可塑性，使其能够重新塑造身体的印象及其范围。

解，不是通过外在的身体而是感觉的神经本身。"

正如我们所看到的，来自感觉神经的信息会进入皮层的不同部位，这些部位在19世纪和20世纪被单独识别。1945年，美国神经生物学家罗杰·斯佩里指出，神经传递信息的位置决定了我们如何体验刺激。他在动物身上做实验，切断它们的神经并重新调整它们；在每一种情况下，动物的行为都与受到刺激的脑区域一致。例如，一只左腿和右腿的神经在脑中切换的老鼠，如果右腿受到电击刺激，总是会抬起左腿。斯佩里发现，不管他让动物恢复多久，它们都不会重新调整。他得出的结论是，脑控制的某些方面是硬连线的，可塑性不会介入修复问题。

虽然感觉感受器专门对不同类型的刺激做出反应，但它们传递信息的方式是相同的——神经能量没有特异性。脑对刺激的解释方式仅仅取决于携带信息的神经在哪里结束。如果神经终止于视觉皮层，那么这些信息就会被感知为视觉信息，即使这些信息是通过对眼球的压力而不是视网膜上的光线产生的，甚至神经是从耳朵里被转移过来的，也是一样。正如穆勒在近200年前所认识到的那样，我们现在看到的是我们自己的神经状态，而不是外部世界。

全貌

我们的感官是我们从身体外部或心灵外部收集信息的手段，有些感官也参与身体内部的交流。它们不仅提供了思想和物理环境（身体的内部和外部）之间的接口，也是精神活动和身体活动的交汇点。它们可以带来快乐和痛苦，无论是在身体上还是情感上。为了做到这一点，脑创造并维持身体的表象。

理解感官

我们的感官允许我们体验很多事情，从看电影、听音乐到享受美食，或回应一个拥抱。它们提供的信息可以用来保护或维持身体的安全。看到或听到捕食者会引发隐藏或逃跑的迫切欲望；品尝苦味的水果会产生一种想把它吐出来的冲动，以防

味觉、触觉、嗅觉、视觉、听觉——我们对世界的感知，很大程度上取决于我们的感官。

它有毒。对感官输入的反应可能是意志的或非意志的物理动作。或者，这可能是一种无意识的内部反应，例如，在闻到或品尝食物时分泌唾液和胃液。如果一种感觉输入到脑的多个部位，那么它会产生不止一种效果。有一种感觉输入，我们在本章没有讨论过，那就是疼痛。我们如何感知疼痛比其他知觉更复杂，我们将在下一章单独讨论。

第七章

有点儿痛

任何东西都不能被恰当地称为疼痛，除非它被有意识地感知到。

——威廉·利文斯顿，1943年

过去，身体上的疼痛被认为是对触觉的过度反应，或者是皮肤感觉器官的超负荷，但它与其他感觉截然不同。不同的人对疼痛的感觉也不同；在不同的时间和不同的情况下，同一个人的情况更不同。这是因为脑在构建体验中扮演了更重要的角色，而不是简单地解释体验。

苦行僧能够忍受大多数人会觉得痛苦的经历，这凸显了痛苦的主观性质。

保护性疼痛

从神经科学的角度来看，疼痛是非常有趣的。纵观历史，人们一直在寻找避免或减轻痛苦的方法，但这是一种至关重要的反应。那些感觉不到身体疼痛的人可以承受可怕的，甚至危及生命的伤害或疾病，却没有意识到他们所处的危险——疼痛是一种有用的安全机制。

感到疼痛

古希腊人并不把脑与疼痛的产生联系在一起。柏拉图和亚里士多德认为它是一种情感，一种灵魂的激情，而不是身体的感觉。亚里士多德认为痛苦和快乐在血液中穿过身体到达心脏。因此，他认为血液供应最好的地方也是最敏感的地方。

从公元前5世纪开始，希波克拉底将疼痛解释为身体中体液失衡的表现。盖伦

定义疼痛

我们用同一个词——疼痛——表示由伤害引起的局部的身体损害，表示疾病的普遍不适和情绪痛苦。大多数关于疼痛起源的神经学讨论都集中在前两个方面，尤其是受伤的疼痛。

疼痛可以防止球员在受伤后继续比赛而造成进一步的伤害。

接受了这一说法，但他接着说，一个人需要三样东西来感受疼痛：一个接收到疼痛感觉的器官，一个连接器官和脑的通道来传递这种感觉，以及一个脑中识别疼痛的组织中枢。他认为脑是参与痛觉的最重要的器官，并识别出四种身体疼痛：搏动、刺穿、沉重和伸展（抽筋或绷紧）。

在11世纪，伊本·西那将盖伦的疼痛分类扩大到15种，其中许多与今天医生用来评估疼痛的问卷中所识别的疼痛分类相关联。伊本·西那指出，疼痛不需要持续的伤害，但可以在最初的刺激消除后继续。

疼痛的原因和机制

从古代到至少17世纪，疼痛更常被看作上天的惩罚或审判，而不是理性的理解。因此，疾病的痛苦并不能确切地用身体出了什么问题以及为什么出了问题来解释，而是经常被看作是复仇的神造访个人，或者，在某些文化中，是诅咒或巫术的结果。痛苦甚至可以被看作一种忏悔的形式，通过提前完成一些痛苦，可以加速不幸的患者通过炼狱。这无疑是医生和牧师向那些既帮不了也没法帮的人兜售的一句有用的台词：现在这句话可能很糟糕，但如果它能挽救几个世纪的痛苦，也是值得的，所以病人不应该抱怨太多，不现实地渴望喘息。

身体和脑的疼痛

从伊壁鸠鲁时代（前342～前270）开始，人们普遍认为疼痛的严重程度与受伤的程度有关。这种观念在20世纪60年代之前基本保持不变。然而，它忽略了几个因素，尤其是心理维度在疼痛体验中的重要性。在所有的感觉中，疼痛是最主观的：每个人经历相似程度的伤害时可能会有很大的不同。此外，一个人可能会经历轻微的伤害，例如，被纸割伤或口腔溃疡，却感到比严重的伤口更痛。

在将亚当和夏娃驱逐出天堂的过程中，创世的神诅咒夏娃（以及此后所有的女人）在分娩时遭受痛苦。长期以来，疼痛被认为是上帝赐予的一种惩罚或礼物，有时会转化为在分娩过程中拒绝为产妇减轻疼痛的理由。

盖伦的受体、通路和感知中心模型解释了疼痛理论，它不允许出现与伤害不直接相关的疼痛类型。例如，被截肢者经常描述的幻肢疼痛和所有常见的慢性疼痛经验（没有系统性的原因）都属于这一类。即使在今天，一些人也认为这些并不是真正的痛苦。"真正的"痛苦是否一定有一个可识别的物理原因，或者它是否也可能是一种主观的痛苦心理体验，这仍然是一个在争论的问题。

原子的痛苦

古希腊哲学家德谟克利特提出，所有的物质都由非常微小的粒子（原子——尽管与物理学家今天的描述不太一样）组成。他通过物体脱落一些原子来解释感觉，然后原子进入身体。在疼痛的情况下，尖锐或钩状的原子与灵魂的原子纠缠在一起。

与"有害"（有害或不愉快的刺激）相关的神经信号的传递有它自己的名字——伤害感受。就神经学而言，从痛觉受器刺激产生的疼更容易被感受和反应。

就神经科学而言，从伤害性感受器刺激引发的疼痛入手研究，比较容易。

疼痛的处理

约翰内斯·穆勒第一个开展了关于疼痛的神经学方面的建设性研究。他认为，身体里有专门的神经纤维通过感受器来感知疼痛。他坚持认为，只有通过刺激那些传递疼痛信号的感觉神经，才能感觉到疼痛。这与更大的神经特异性模型相吻合。

另一种观点认为，不存在特殊的神经或痛觉感受器，这种观点由来已久。一些人认为"疼痛是任何一种极端刺激的结果"，亚里士多德便是其中之一。它可以来自过剩的热量、噪声、强光或许多其他极端的影响，并可以通过许多方式传递到灵魂。这种观点以主流形式存在了2000多年，只是在细节上有所变化。

17世纪的笛卡尔是开始把疼痛看作一种内在东西的第一人，并对其起源和传播做出了合理的解释。从他对人体的机械论观点中可以看出，他认为疼痛是机体不平

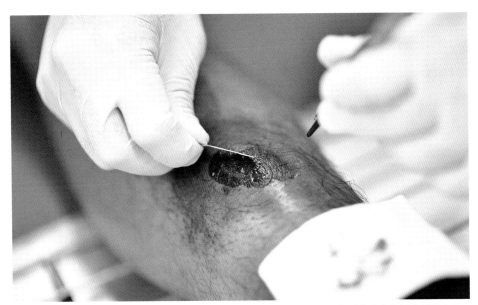

烧伤是非常痛苦的，这似乎支持了一种观点，即疼痛可以由其他类型的受体的极端刺激产生。

衡或在某种程度上失去平衡的结果。他区分了疼痛的机制——一种导致身体从有害事物中退却的刺激或一种疼痛的心理体验。1644年，他将疼痛描述为一种"扰动"，并从神经边缘沿神经传导到脑。

1874年，威廉·厄尔布说，任何一种感觉受体只要受到足够强烈的刺激就能产生疼痛信号。然而，在1858年，莫里茨·希夫指出，脊髓沿线的不同通路与疼痛和触感有关，支持了特异性的观点。这两种模型——刺激强度和特异性——共存了一段时间，但强度理论更受心理学家而非神经学家的青睐。到19世纪末，大多数专家接受了特异性理论。在20世纪头10年里，亨利·海德对他手臂神经的实验进一步强化了这一点。

无论是布利克斯还是戈德沙伊德，都没有在19世纪80年代皮肤受体的研究中加入疼痛研究。在工作10年后，马克斯·冯·弗雷提出疼痛是一种单独的方式，与自由神经末梢有关。冯·弗雷的想法很受欢迎，可能是因为它们很简单——每种皮肤感觉都有一种受体——但它们在细节上错了。在随后的几年里，其他研究人员发现了其他类型的受体。他们还观察到，有自由神经末梢的区域可以在不引起疼痛的情况下被切断。简而言之，整个情况比看上去复杂得多。

在19世纪末和20世纪初，生理学家试图追踪携带皮肤感觉（包括疼痛）的神经，并确定脑中负责将神经传递转化为经验的区域。

疼痛的类型

1906年，查尔斯·谢林顿首次描述了伤害性感受器——专门用于强烈刺激的受体。不同种类的痛觉受体对不同种类的有害刺激如高温、极冷、高压或有毒化学物质有反应。自从英国神经生理学家托马斯·刘易斯在1942年的研究以来，伤害性感受器就与两种不同类型的神经元相联系。它们由加拿大心理学家罗纳德·梅尔扎克鉴别出来：一种类型是有髓鞘的并能迅速传递信号（A纤维）；另一种是无髓鞘的，传输信号更慢（C纤维）。这导致了两种不同类型的疼痛体验——首先是剧烈的突然疼痛，然后是迟钝但持久的疼痛。（想想伤口的刺痛，然后是随后的疼痛。）第一种与急性疼痛有关，第二种与慢性疼痛有关。

要么全有，要么全无

和其他神经元一样，那些携带疼痛信号的神经纤维要么被激活，要么不被激活——这是一个要么全有，要么全无的极端系统。其可以在对刺激做出反应的感觉神经元和连接肌肉组织并使肌肉收缩的运动神经元中起作用。1871年，美国生理学家亨利·皮克林·鲍迪奇在研究心肌收缩时首次提出了这一原理。由于这是一种二元反应，所以信号的强度没有变化——要么是神经元触发（启动动作电位），要么不是。但如果没有足够的刺激来立即产生反应，神经元内部和外部的离子平衡仍然会受到一些影响，如果刺激持续下去，这种影响会累积到一个临界点，神经元就会启动。

我们所经历的强度与单个神经元的刺激强度无关，而是与被刺激的神经元数量有关。如果我们观察强光，视网膜上的许多神经元会激活，但如果我们观察弱光，只有较少的神经元会受到影响；这是因为更少的光子落在视网膜上，因此更少的神经元会达到刺激阈值，而只有达到刺激阈值时它们才会放电。痛觉触发机制也是如

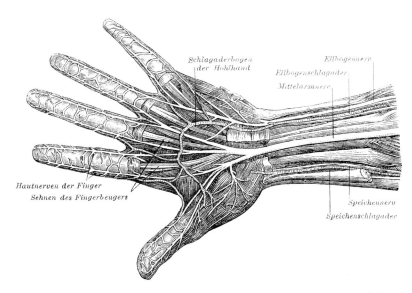

这是一幅19世纪所绘的关于手的神经以及其神经如何支配的插图。

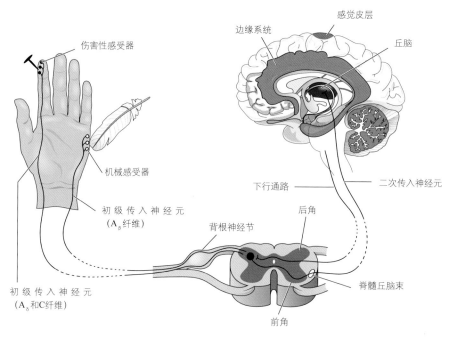

此，这就是为什么受伤的严重程度和疼痛的体验可能不匹配。如果你把一根细针扎进你的腿里，那么你受到的伤害会比你做一个长而浅的切口要小，这仅仅是因为在针的通路上疼痛感应神经较少。

　　阈值效应并不局限于单个神经元的放电。如果每次触发一个神经元都会产生疼痛的感觉，我们就会不知所措。相反，必须有足够数量的神经元同时放电，以使信号被发送到脑以记录疼痛感。这是德国病理学家伯恩哈德·瑙宁在1889年发现的。他给病人施加了非常迅速但很小的刺激，低于他们注意触感的阈值，并发现在短时间内，一个不明显的刺激会导致难以忍受的疼痛。他在6～20秒的时间里每秒刺激神经几百次。他认为，疼痛是一种总结：如果随着时间的推移，有足够的刺激发生，疼痛反应就会被触发。

特异性和强度的总和

1943年，美国生理学家威廉·利文斯顿在瑙宁等人的研究成果的基础上提出了一个总和理论。他提出，当痛苦的刺激产生的信号到达脊髓时，它们在神经元间形成一个活动循环，直到达到阈值。到达阈值时，向脑传送的信号被触发，疼痛被记录。他认为，神经元间的活动也会扩散到其他脊髓神经，并能引发更多的活动，包括运动和交感系统反应，以及恐惧和其他情绪反应。

摩擦的好处

荷兰研究人员威廉·诺登博斯（1910~1990）在1953年注意到，由较大神经纤维传递的信号可以有效地抑制由较细的纤维传递的信号。我们感受到的疼痛程度取决于对较薄或较厚纤维的刺激程度，包括疼痛和触觉/压力信号。其中一个结果是，通过摩擦受伤部位可以减轻疼痛，因为通过触觉/压力信号的传递可以减弱疼痛信号的影响。

让疼痛通过

1965年，英国神经科学家帕特里克·沃尔（1925~2001）和加拿大心理学家罗纳德·梅尔扎克用疼痛是"封闭的"的理论对这种效应给出了更详细的解释。这表明信号必须通过"门"才能从脊髓进入脑。伤害性感受器发出的信号要么被阻断，要么被允许通过这些"门"，决定我们是否感到疼痛和（或）我们感觉有多痛。梅尔扎克的工作是基于查尔斯·谢林顿和洛德·阿德里安的结果，用电流计测量不同神经纤维的动作电位，还有加塞尔和厄兰格对三种类型的神经纤维A、C和B的识别：B型纤维部分髓鞘化，在A型和C型中间起中介作用。

门控系统通过阻碍（或不阻碍）抑制性中间神经元的活动来工作。没错，这听起来有点像双重否定。这种抑制性中间神经元通过阻止一种神经递质的释放来阻

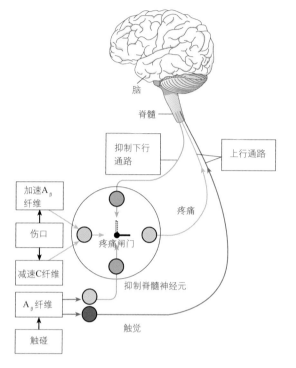

疼痛闸门控制论，由沃尔和梅尔扎克于1965年提出。

止信号通过脊髓到达脑，这种神经递质用来传递疼痛神经元的信号，所以当它们工作时，信号就无法通过。当它们的行动受阻时，它们不能再让信号停止，所以信号就通过了。刺激携带疼痛信号的薄薄的C型纤维神经元会阻碍抑制性神经元，因此疼痛信号可以被发送到脑。但是刺激厚厚的A型纤维可以促进抑制神经元的活动。这意味着如果厚纤维有更多的活动，疼痛信号将被抑制或减少。正是因为这个原因，在伤口上摩擦或加热、冷却可以减轻疼痛。这也是经皮电刺激神经机器（TENS）缓解疼痛的基础原理。

最后，脑发出自上而下的信息，以确定疼痛信号是否被允许通过。梅尔扎克为疼痛信号提出了另一种途径，这种途径使疼痛信号缩短路径，直接进入脑。然后脑会决定是否阻止（或允许）这种抑制作用，并向脊髓发出信号来完成这一任务。这种自上而下控制疼痛信号的方法可以解释心理状态对疼痛的影响。在紧急情况下，人们有时不会感到疼痛，即使是严重受伤。这是因为身体有更重要的事情要做——比如从危险的环境中逃离。通常情况下，忙碌的人比闲散的人、放松的人比有压力的人感受到的痛苦要小一些。

痛苦和意志

对疼痛生理学的解释可以很好地解释身体是如何感知和传递潜在危险的刺激的，但这一切都可能被脑混淆。正是脑收集了痛苦的经验，并在此过程中利用了过去的经验、期望和许多其他复杂的因素。疼痛是皮肤感官中最主观的感觉，

对于研究者来说，疼痛是一个雷区，尤其是测量疼痛完全依赖于自我报告。对一个人来说，从字面上"感受"别人的痛苦是不可能的。疼痛可以在"错误"的地方——也就是说，不是在受损或患病的地方——甚至是在一个不再存在的地方感觉到。

牵涉性疼痛

一些"共享"的神经通路携带来自身体不同部位的疼痛信号。在这种情况下，脑无法识别疼痛信号的来源，因此疼痛可能会在身体的不同部位出现。一个常见的例子是心脏病发作，即使仅仅是心脏肌肉的损伤引发了疼痛的感觉，但它可能会展现出下颌或手臂的疼痛。在这种情况下，脑将这种信号归因于最常见的信号区域（下颌和手臂），而不是心脏，因为心脏很少产生这种信号。

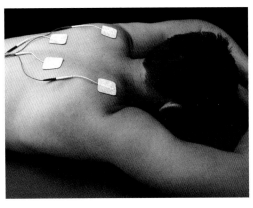

经皮电刺激神经机器经常被用来减轻肌肉疼痛。

可怕的痛苦

对于研究人员来说，疼痛最吸引人的方面之一，也是最有成效的方面之一，就是失去胳膊或腿的人所经历的幻肢疼痛。1551年，法国外科医生安布鲁瓦兹·帕雷首次报道了这种情况，笛卡尔也提到过。大约60%～80%的截肢患者表示，他们仍能感觉到肢体疼痛。

> 疼痛是一种不愉快的感觉和情感体验，与实际或潜在的组织损伤有关，也就是对这种损伤进行描述。
>
> ——国际疼痛研究协会，1975年

在1861～1865年美国内战期间，美国外科医生西拉斯·米切尔在"残肢医院"工作。据称，他检查的90名截肢者中有86名抱怨患上了幻肢疼痛。通过大样本的实验对象，他能够得到一个大致的图像：士兵们报告说，他们的幻肢通常比原始肢体短，而且并不总是完整的。他们抱怨说，即使是轻微的刺激，如吹过他们的风，也会带来相当大的痛苦。戴上假肢也可能引发疼痛，证明他们对神经灼烧、针灸或药物等治疗具有耐药性。一些士兵甚至把更多的肢体切除，希望得到喘息的机会，而他们通常都只能失望。

米切尔和其他人认为这种疼痛是由于截肢时被切断的神经受到刺激造成的。这表明，这些被切断的神经所受的刺激会向脑发送信息，这些信息被认为来自最初的神经末梢，尽管它们现在已经消失了。

法国的外科医生安布鲁瓦兹·帕雷使用的木制假肢可以帮助截肢患者。

治疗是残酷的，很少成功。缩短残肢的替代方法是切断残肢和脊髓之间的感觉神经，甚至切除作为信号最终目的地的丘脑部分。

20世纪80年代，梅尔扎克最终证明"刺激神经"理论是错误的。他首先研究了疼痛的常识性模型，这个模型自笛卡尔时代起就一直支撑着所有的研究——疼痛是在受伤的部位感觉到的，疼痛的信号被传递到脑，在脑中它被转化为疼痛的体验。这一切似乎都是完全合乎逻辑的，直到它遇到幻肢疼痛和其他类型的慢性疼痛，这些疼痛与身体损伤没有直接关联。梅尔扎克还指出，有些人由于脊椎神经的切断而瘫痪，但他们仍然会出现肢体疼痛。他们不可能受到肢体神经末梢的刺激，虽然它在身体上仍然存在，但与脑没有神经联系。

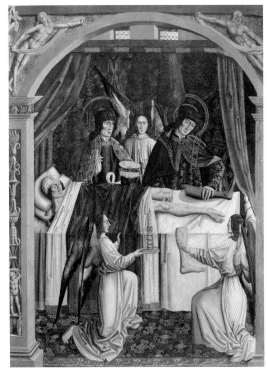

这位外科先驱圣徒科斯马斯和达米安的幸运病人将通过他们神奇的移植手术避免患幻肢疼痛。

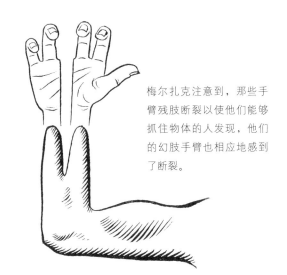

梅尔扎克注意到，那些手臂残肢断裂以使他们能够抓住物体的人发现，他们的幻肢手臂也相应地感到了断裂。

痛苦的成分

梅尔扎克描述了一种疼痛的神经基质模型，它将构建疼痛的复杂任务从周围神经系统转移到中枢神经系统。因此，疼痛不是由组织损伤引起的，而是由中枢神经系统的各个部分根据副交感神经系统和环境的信息共同作用引起的。根据他的理论和后续的研究，中枢神经系统所涉及的各个部分是：

- 脊髓；

- 脑干和丘脑；

- 部分边缘系统，包括下丘脑、杏仁核、海马和前扣带回皮质；

- 岛叶皮质；

- 躯体感觉皮质；

- 运动皮层；

- 前额叶皮层。

在这些部分之间，它们可以产生感觉、情感、认知、行为、运动和意识方面的疼痛体验。该模型解释了为什么疼痛并不总是与组织损伤的数量或严重程度相关，甚至与任何损伤（或组织，在幻肢疼痛的情况下）相关。它还解释了"安慰剂效应"是如何起作用的，以及人们有时在压力大的时候，比如在战场上或在其他危险的情况下，没有注意到或感觉到创伤。

梅尔扎克坚持认为神经网络至少部分是由基因决定的。出生时没有肢体的孩子可能会有幻肢。这表明神经网络结合了基因组成和学习的元素。从患幻肢症的人的经验来看，学习的重要性是显而易见的，他们仍然会感到令人疼痛的拇囊炎或是戴

如果你看到的话，疼痛会小一些

21世纪早期的一项研究发现，如果我们能看到一个潜在的疼痛过程，那么疼痛就会减少。所以，在打针或抽血时盯着整个过程，会减缓疼痛。在2008年，功能性磁共振成像（fMRI）扫描显示，处理疼痛脑区域也参与处理视觉输入的大小。

重写身体地图

印度神经科学家维拉亚努尔·拉马钱德兰（生于1951年）提出，截肢后，位于躯体感觉皮层的身体地图被重写。他说，躯体感觉皮层的"重新连接"解释了为什么对一些截肢者来说，摸脸时就像在摸幻肢。

1994年，拉马钱德兰开创了一种治疗幻肢疼痛的疗法，称为"镜盒疗法"。病人将剩下的肢体插入一个装有镜子的盒子里，镜子会反射出肢体缺失的影像。通过移动真肢，一些病人能够减轻幻肢疼痛。（幻肢通常被"抓住"，并被卡在尴尬、痛苦的姿势中。）镜盒疗法并不能帮助所有患幻肢疼痛的人，而且关于它何时有效的研究还在继续。

了一个紧绷的环。

当慢性疼痛与明显的组织损伤无关时，现代疼痛管理策略通常会结合锻炼、认知行为疗法和药物治疗。这些依赖于神经网络模型以及身体在对一系列刺激和内部模式做出反应时产生疼痛的想法。

疼痛主要是意识的感受吗

当病人经历痛苦时进行的脑成像显示，脑的300～400个区域参与了感知或构造疼痛——这是一个非常复杂的系统。2004年的研究发现，如果一个人在痛苦的刺激过程中分心或冥想，与疼痛相关的脑活动就会减少，这证实了观察和共同经验的结果。

2012年发表的一项研究揭示了患者的信念和期望是如何由他们的疼痛经历来实现的，而与他们身体的实际情况无关。志愿者们在连接静脉输液管时手臂产生了一种灼烧感，他们被告知要注射止痛药。他们还被告知何时开始使用止痛药，何时停止使用。他们知道，当止痛剂被移除时，他们可能会感到更严重的疼痛。疼痛的平均评分是：第一次灼烧感—6分；不久之后—5分；镇痛—2分；去除镇痛后—6分。事实上，镇痛是在"不久之后"阶段开始的，这显示出当志愿者不知道他们正在接受止痛药时，它对疼痛体验的影响很小。当他们被告知已经停止使用止痛药时，其实还在继续给药，但当他们不相信自己接受了止痛药时，它就没有任何作用了。这与众所周知的"安慰剂效应"有关。

安慰剂和反安慰剂

看起来像药物但没有药理活性成分的药物称为安慰剂。它们通常在临床实验中使用，以测试新开发药物的有效性。一组患者接受活性药物治疗，另一组患者接受安慰剂治疗，然后比较两组的结果。从理论上讲，那些服用安慰剂的患者的病情应该没有任何改善。然而，在实践中，接受安慰剂治疗的患者通常会得到类似服用药理活性药物病人的改善或康复率。正如镇痛学研究表明的那样，安慰剂效应可能非常强大。与安慰剂效应相反的是"反安慰剂效应"，它指的是患者从一种不含活性成分的药丸中体验到一种有害的效果。

如果病人发现对他们有效的药物是安慰剂，似乎也无关紧要。2015年的一项研究表明，如果患者认为安慰剂是止痛药，而服用了四天的安慰剂，那么安慰剂就会继续对他们有效，即使他们被明确告知它是安慰剂，也会减轻他们的疼痛。而在只接受了一天安慰剂治疗的患者中，

致命的胶囊

2007年，一名患有临床抑郁症的男子同意参加抗抑郁药物的实验。他没有意识到自己被分配到了一个对照组，并且服用了没有抗抑郁药物的假胶囊。由于感到有自杀倾向，该男子服用了过量的29粒胶囊。他的血压降到了危险的低水平，他需要静脉输液来维持生命。当他被告知正在服用安慰剂时，他的身体状况迅速恢复正常。

并没有这种效果，表明这是一种条件作用。

人们认为，一些确诊病例的背后隐藏着与反安慰剂效应类似的东西，即人们对诅咒的反应是生病和死亡。一些古老部落的传统中，被诅咒的人可能会死亡，除非有强大的魔法师或巫医解除诅咒。传统的药物通常不能拯救他们，因为没有系统性疾病需要治疗。这种影响远远超出了没有身体关联的感觉疼痛：病人的信念导致复杂的身体影响，通常被认为是超出意识控制的。

脑和痛苦

看来在盖伦认为必须产生痛苦的三个实体中，只有一个是真正需要的；脑中的组织中心决定我们是否会表达疼痛。

催眠被认为是一种集中注意力的状态，在这种状态中，主体特别容易受到暗示的影响。fMRI扫描显示，在催眠状态下，脑对刺激的反应与非催眠状态时对类似的实际刺激的反应是一样的。例如，2013年的一项研究报告称，当被催眠的受试者被告知他们正在接受痛苦的刺激时，他们脑的相同区域被激活的程度与未被催眠时相

忍受难以忍受的痛苦

一些部落坚持让青少年经历痛苦的成人仪式，以标志他们过渡到成年，成为社会的正式成员。这可能涉及明显难以忍受的痛苦程度——然而部落的所有成员都经历过这些仪式，通常在外人看来还会表现出一种坚韧的抵抗力。很可能是心理因素，如期望和群体参与，帮助他们忍受这种经历。

同。在测试中，志愿者们将一个热探针放在他们的手上，随后记录下疼痛程度为5。当他们被催眠，并被告知探针再次被激活时——尽管并没有真正被激活——他们被记录了同样的反应。脑部扫描的结果与真正的刺激非常接近。疼痛似乎是身体感觉中最清晰、最具侵入性的一种，但它并不是我们凭直觉就能感觉到的。脑可以毫无理由地召唤它，或者在巨大的创伤中驱散它；它代表了心灵凌驾于物质之上的终极表现。

身体上和情感上的痛苦是可以比较的

2013年的一项研究发现，脑对情感疼痛的反应方式与对生理疼痛的反应方式基本相同。当通过一台正电子发射体成像（PET）扫描仪观察脑时，受试者被告知他们已经被在约会网站上表示有兴趣的潜在伴侣拒绝了，那些表现出最小痛苦的受试者脑中阿片类物质的释放量更高。脑被激活的区域和被身体疼痛激活的区域是一样的。

第八章

损伤中得来的教训

脑外科是一个可怕的职业。如果我感觉到它在
我的有生之年不会变得不同，我就会讨厌它。

——怀尔德·彭菲尔德，1921年

神经系统疾病或损伤有多种类型，对它们的研究是
神经科学发展的重要组成部分。临床调查、尝试治
疗和尸检都获得了关于脑和神经的新信息。然而，
科学家并不总是把病人的最大利益放在第一位。

数千年来，人们一直试图通过脑部手术来治愈疯病——无论手
段多么残忍或幼稚。在这幅1494年的作品《疯狂之石的提取》
中，荷兰画家希罗尼穆斯·波希描绘了一个早期的手术过程。

圣尼鲁斯试图给一个"疯魔"的男孩涂灯油来治愈他。

神圣的疾病

对于科学研究来说，收获最多的神经疾病可能是癫痫。这是有记载的最早的疾病之一。在古希腊，它被称为"神圣的疾病"。大约在公元前400年，希波克拉底反对癫痫是上帝或神的惩罚这一观点。他想把它当作一种疾病来对待，就像对待其他疾病一样，需要医疗治疗，而不是江湖骗子兜售的咒语和骗术。不幸的是，他谨慎的态度并没有占上风，"恶魔的占有"和其他迷信的说法至少在17世纪末仍被普遍引用。

即使癫痫被认为是一种身体上的疾病而不是一种神圣的惩罚，在病因上也没有一致的意见，更没有有效的治疗方法。一种用于治疗癫痫的混合物包含了粉末状的人类头骨、槲寄生和牡丹根，以及在月亏时采集的种子。放血也很流行（就像治疗许多其他疾病一样）。盖伦认为当心室被痰阻塞时癫痫发生；在16世纪，帕拉塞尔苏斯认为癫痫是由于脑的重要精神达到沸点；托马斯·威利斯把癫痫发作归咎于感觉中枢的动物精神。

癫痫不是精神病

正是在这种迷信的背景下，让-马丁·夏科特（1825～1893）在巴黎的妇女救济院遇到了许多癫痫患者，她们被关在精神病患者和刑事精神病患者的身边。他把一群被诊断为患有"癔病"的女性与其他病人隔离开。在19世纪，他付出了相当大的努力去描述不同类型的癫痫发作的过程和性质，但仍不被理解。

生理学家马歇尔·霍尔（1790～1857）提出了对癫痫的第一个生理学解释。1838年，他提出，反射弧部分活动的增强引发了这个问题，表明功能障碍存在于脊髓内电弧的感觉或中枢连接部分。他认为颈部肌肉痉挛阻止了血液从脑流动，导致脑充血。这导致失去知觉，喉痉挛，然后引起抽搐。他主张进行气管切开术以防止抽搐。

电子头脑风暴

癫痫是一种病理现象，是由脑中突然失序的电子活动爆发而导致的痉挛。它中断了正常的脑功能，并发失去意识、惊厥、肢体僵硬、抽筋或异常感觉。

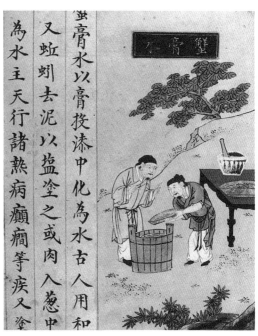

一幅描绘中国用于治疗癫痫的蟹膏水的制作过程的插图。

引发癫痫

1849年，罗伯特·本特利·托德首次提出放电可能与癫痫有关，但这一发现是约翰·休林斯·杰克逊在1873年正式提出的。杰克逊将癫痫定义为"偶尔、突然、过度、迅速和局部的灰质（电）释放"。他观察了他的病人（和他自己的妻子）在癫痫发作期间的情况，并记录了病情的进展。他将一种简单的局部发作命名为"杰克逊发作"（或"杰克逊进行曲"），这种发作开始于手指、脚趾或嘴的一侧感到刺痛、抽搐或虚弱，然后延伸到整个手、脚或面部肌肉。它只影响身体的一侧，病人不会失去知觉。

汉斯·伯杰在1929年发明了脑电图（EEG），证明癫痫发作可能与电有关。伯杰成功地展示了癫痫病发作时脑中发生的古怪放电模式，证明了问题是电引起的，并且是由脑产生的。这一发现对癫痫病人来说可谓喜忧参半，因为在过去的几十年里，癫痫病人会受到可怕的、往往破坏性极大的实验性治疗。

意识的疾病

癫痫病人并不是唯一遭受无知所带来后果的人。长期以来，精神疾病被认为是魔鬼或邪灵的影响，治疗的目的往往是驱除顽抗的精神，包括殴打、用脚镣束缚，甚至挨饿。相比之下，希波克拉底提出精神疾病是由体液失衡引起的，他的目标是通过再平衡它们来解决这个问题。

这两种对立的观点，即精神疾病是一种生理还是精神疾病，共存了几个世纪。由此形成了一种奇怪的从最残酷的野蛮形式到行为疗法的混合疗法。这些做法没有具体的目标，它们治疗整个身体（或精神），却不了解病因。

头部疾病

　　认为精神疾病可能是一种脑疾病的观点，直到19世纪普遍麻醉和有效抗菌剂的出现才出现。这使得外科手术更加安全，因此精神外科进行了一次实验性的转变。

　　早期的神经外科治疗将脑而不是整个身体看作功能障碍的源头。但一切都是建立在脆弱的理论基础上的，因此非常危险，成功全靠运气。人们认为只要打开脑，在里面挖掘，切下碎片，切断神经，就能期待最好的结果，这种想法现在看来都是噩梦。然而这正是精神外科早期经历过的事情。

一名妇女被诊断患有躁狂症。

精神外科的开端

　　你能想象当你完全清醒的时候，有人在没有麻醉的情况下用石头在你的头骨上钻一个洞吗？你可能觉得这件事不可理喻。然而，最早的外科手术方式就是这样在头部打洞的。有证据表明，新石器时代的人类颅骨的骨头边缘处有愈合痕迹。从那时候开始，这种手术就在世界的某个地方进行了。

你不需要那么多脑

数千年来，如果一个人的肢体严重受损，截肢被认为是最好或唯一的选择。对脑采取同样的方法似乎是鲁莽的，但早期的干预确实包括切除或摧毁整个脑。

除了环钻术外，第一次精神外科手术尝试是在1888年于瑞士进行的。实施手术的医生戈特利布·伯克哈特不是外科医生，而是精神病医生，是一家小型精神病院的院长。他对6名患者进行了实验性的手术，切除了他们的部分脑，试图减轻他们因各种形式的精神疾病而出现的症状。用现代的术语来说，他的病人可以被描述为精神分裂症、躁狂症和痴呆症。他们中有幻听、妄想、攻击、激动和暴力行为表现。伯克哈特认为精神疾病是由脑的生理问题引起的，目的是通过移除受损的部分来缓解症状。不幸的是，他没有正确的方法来判断脑的哪个部分可能导致这些问题。

疯人院的病人詹姆斯·诺里斯被囚禁和隔离了10年。他的境况在1814年被揭露，促使立法规范疯人院病房的条件。

结果并不令人振奋：在他的6名患者中，一名患者在5天后发生了癫痫抽搐并死亡，一名自杀，两名患者的病情没有改善，两名患者平静下来。只有两名患者没有产生癫痫、语言障碍、运动障碍等副作用。他对医疗过程的报告遭到了敌意的回应，他放弃了精神外科手术——这对他剩下的病人来说是一个幸运的结果。精神外科直到20世纪30年代才再次尝试这一方法。但它仍是大胆而残忍的。

头上有个洞

第一个新石器时代的颅骨的发现令人难以置信。1865年，探险家和民族学者以法莲·斯奎尔从库斯科附近的印加墓地收到了一个作为礼物的颅骨。它上面有一个方形的洞，边长大约1厘米。斯奎尔得出的结论是，在颅骨的主人还活着的时候，这个洞是被人故意挖出来的，病人在手术中活了下来。

纽约医学院拒绝相信一个"原始的"秘鲁印第安人可以进行这样的手术，并能使病人存活下来，特别是因为19世纪60年代的环钻术患者的存活率才约为10%。但19世纪医院的高感染率使得手术比在洞穴中进行的手术更危险。最近的估计表明，那时的存活率可能是50%，甚至90%。此外，该手术仅在19世纪用于严重颅脑损伤的情况下（因此患者很可能在有或没有干预的情况下死亡），而在过去几乎肯定用于较小的病症。

许多使用环钻术的部落没有文字，所以我们没有关于为什么进行这项手术的记录。在欧洲，从卡帕多西亚的泰乌斯（约公元150年）到18世纪甚至19世纪，环钻术曾被用来治疗癫痫和一些精神疾病。它被认为能让邪恶的气体或液体从脑中脱离出去。

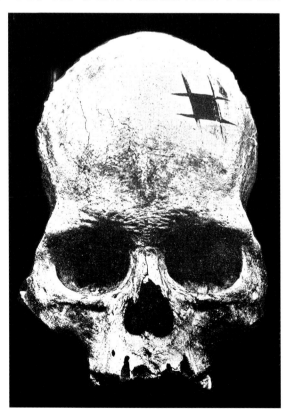

左右两半的脑

1928年，外科医生沃尔特·丹迪切除了整个右半球（一种称为半球切除术的手术），试图治疗无法手术的晚期肿瘤（称为胶质瘤）。5名患者中，3人在3个月内死亡（1人立即死亡）。1933年，另一名外科医生詹姆斯·加德纳又为另外3名癫痫患者做了同样的手术，其中一名患者无癫痫发作，认知状况良好，两年后仍能行走，没有复发。尽管大脑半球切除术很快成为神经胶质瘤的一种治疗方法，但它被用于治疗癫痫，最早是由南非神经外科医生罗兰·克里诺在1950年提出的。他在治疗年轻病人的癫痫发作方面取得的明显成功，促使人们积极地采用这种治疗方法。

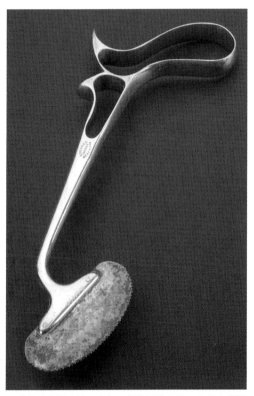

这种特殊的锯子被用来切开颅骨以进入脑。它是由英国外科医生和生理学家维克多·霍斯利爵士（1857~1916）发明的。

不幸的是，诸如出血和脑炎等问题会在手术后，甚至手术后数年显现出来。外科医生尝试了不同形式的半球切除术，保留了一些组织，但与胼胝体分离。胼胝体是连接左右两半球的神经纤维的粗带，允许它们之间的交流。

斯佩里和"分裂的脑"

在20世纪60年代，切断胼胝体被证明是治疗严重癫痫的有效方法。这比切除整个脑半球要稍微不那么极端。这意味着脑的两个半球可以独立工作，但不能交流，因此癫痫发作时神经的随机触发不能从一个半球传播到另一个半球。除了治疗癫痫，手术也为神经科学提供了新的见解。美国神经心理学家罗杰·斯佩里（1913~1994）研究了11名"大脑分裂"患者，以研究脑半球通常是如何共同运作的。

语言的主要中枢在左半球，而身体左侧的输入和控制都是由右半球主导的，因此斯佩里能够证明，脑半球共同活动来表达与左侧有关的信息。例如，如果一个图像只显示在左眼，病人就不

罗杰·斯佩里因对裂脑病人的研究获得了1981年的诺贝尔奖。

能说出他所看到的东西，因为视觉中心和言语中心无法相互沟通。

同样地，如果病人用左手感觉到了一种质地或物质，他也说不出是什么。在正常的活动中，我们可以用两只眼睛、两只耳朵、两只手，等等，所以这些局限性并没有马上显现出来，但是在实验环境中得到了清晰的展示。

虽然右脑不能在言语或书写中清楚地表达一个物体是什么，但病人能够画出它或识别出一个相似的物体。右脑在视觉空间任务上也更为擅长。斯佩里进一步发现，如果一个物体被展示给一只眼睛，然后是另一只眼睛，病人就不记得以前见过它了——每个半球似乎都形成了自己的记忆。斯佩里因研究裂脑病人而获得诺贝尔奖。

最著名的脑部手术

沃尔特·丹迪刚开始切除整个脑半球，另一位外科医生就想到要切除脑的特定部分。这种20世纪中期无知和愚蠢的脑部手术方法包括臭名昭著的前额叶切除术——使用尖刺来破坏额叶和脑其他部分之间的联系，这无异于脑屠杀。

安静的猴子，糟糕的想法

1935年，葡萄牙神经学家安东尼奥·埃加斯·莫尼斯在里斯本的一家医院监督实施了第一例脑叶切除术。他不是神经外科医生，

左脑，右脑

斯佩里的研究促使一大批流行心理学文章的出现，这些文章声称，脑的左半球是分析性和逻辑性的，而右半球是创造性和想象力的。这个想法被扩展到让人们相信脑的哪边是主导的，决定了他们更擅长逻辑思维还是创造性思维。但这并不是斯佩里的研究结果，也没有神经科学的支持。使用fMRI观察脑工作的研究表明，人们不会优先使用脑的某一侧而不是另一侧。

心理学家罗伯特·奥恩斯坦在1970年提出，西方工业化社会中的人们只恰当地使用了一半的脑——我们太过关注逻辑、语言和分析，以至于与直觉脱节。这一理论影响了教育实践，一些批评人士称，我们的教学风格偏向于"左脑学习者"。但是，没有证据表明脑半球有不同的思维方式。尽管如此，这种误解还是非常流行，并且仍然被广泛相信。

他的手因痛风而严重残疾，所以他的助手佩德罗·阿尔梅达·利马在莫尼斯的指导下进行了手术。其背后的想法是，额叶与许多疾病有关，疾病或意外事故对额叶造成的损害常常导致人格或行为的改变。

1935年，美国神经学家约翰·富尔顿展示了两只黑猩猩，这两只黑猩猩此前以其具有挑战性的行为而著称，但在全脑叶切除术后，它们变得平静多了，似乎也更快乐了。莫尼斯于是决定冒险在人类病人身上尝试这种技术。他从关联的角度解释了手术背后的神经学理论：脑形成了固

定但不健康的关联（神经通路），导致了强迫性的想法。他认为，只有通过身体破坏脑中的连接通路，才能打破这些障碍。他认为脑会在功能上适应，建立新的途径，使其更健康。

莫尼斯和利马的第一次手术是在病人的颅骨上钻孔，并向额叶的白质中注入乙醇，以破坏连接脑其他区域的纤维。在8次手术后，由于有时手术的成功有限，他们感到很沮丧，于是就在洞里插入了一根8厘米长的针头，然后不停地摆动，以破坏神经连接。莫尼斯于1949年因这项工作获得诺贝尔医学奖，引起了一些争议。

埃加斯·莫尼斯开创了脑叶切除术，这种手术在几十年内伤害了成千上万的病人。

冰锥疗法

脑叶切除术很快就变得很流行。在美国，精神病学家沃尔特·弗里曼对来自堪萨斯州的63岁妇女艾丽丝·胡德·哈马特进行了第一次脑叶切除术（他重命名了这个手术）。他认为，精神疾病是由"超负荷"情绪引起的，其目的是切断大脑中的神经，以减轻情绪负担，让病人平静下来。他不仅成为一名热情而高效的脑叶切除术医生，而且某种程度上还带有表演性质。

弗里曼开发了一种不需要在头部钻孔的新技术。这种被称为"冰锥脑叶切除术"的手术听起来很可怕。他使用全身麻醉或电击使他的病人失去知觉，然后将一根像冰锥一样的针刺插入眼球上方的眼窝，然后用木槌将其打入脑。他小心翼翼地按规定的角度和深度移动尖峰，破坏额叶的连接。然后他通过另一个眼窝做了同样的事情。有时，为了得到引人注目的效果，他会同时在两只眼睛上做手术。他一生中大约做了2500次脑叶切除术，有时一天做25次，每次只需10分钟。1967年，一名女性在第三次做此手术而脑出血死亡后，他最终被禁止进行脑叶切除术。

美国进行了4万~5万例脑叶切除术，英国进行了1.7万例，手术主要发生在20世纪40年代和50年代。芬兰、挪威和瑞典总共进行了大约9300次，比美国的人均水平要高。这种手术被用来治疗各种类型的精神疾病，包括精神分裂症和抑郁症，但有时它也被用在被贴上"困难"标签的儿童身上，甚至用来减轻慢性疼痛。阿根廷总统胡安·庇隆的妻子伊娃·庇隆被切除了额叶以控制癌症带来的疼痛。

大约有三分之一的病人被施以脑叶切除术。人们因为绝望而同意了。精神病院挤满了穿着紧身衣、情绪低落或咆哮的病人，他们对康复或有效治疗几乎不抱希望。脑叶切除术似乎给人们带来了一线希望，让他们可以逃离在精神病院度过一生的痛苦。在那些术后幸存者中，反应迟钝和昏睡是常见的后果。

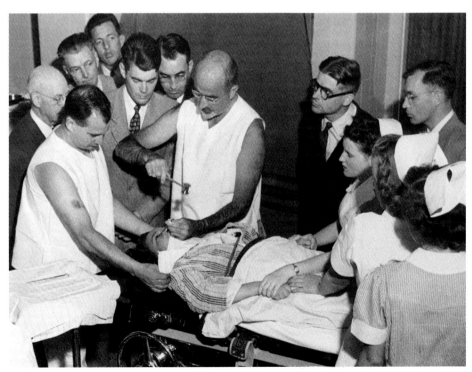

沃尔特·弗里曼使用一种像冰锥一样的仪器进行脑叶切除术，这种仪器是他专为手术发明的。弗里曼将仪器插入病人的上眼睑下，切断了脑前部的神经连接。

脑叶切除术在20世纪50年代开始失宠，当时有了精神药物。不可避免的是，仍有许多患者因脑叶切除术而永久受损，否则他们可能会得到新的治疗方法的帮助。苏联是第一个禁止脑叶切除术的国家，它宣称这"违背了人类的原则"。1977年，美国国会成立了一个机构，调查有关脑叶切除术曾与其他精神外科技术一起用于制服和控制少数群体的说法。

休克疗法

人们意识到癫痫发作是由脑的电活动突发引起的，这也提出了在脑中使用电治疗的可能性。20世纪30年代的另一个大胆、乐观的项目是电休克疗法（ECT），即电击治疗，这种疗法故意加速癫痫发作，以"启动"大脑。它被用来治疗各种精神疾病，尤其是严重的抑郁症。

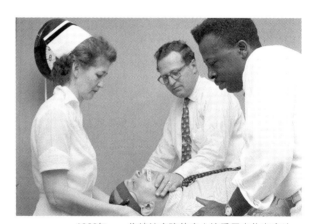

1955年，一位精神病院的病人接受了电休克疗法。

断断续续

希波克拉底第一个注意到抽搐有时似乎可以治愈精神病人。他观察了患疟疾后精神健康有所改善的病人，这些病人曾有过抽搐。几个世纪以来，其他人也注意到了同样的情况，人们普遍认为患有癫痫的人不可能疯（用当时的话来说）。然而，癫痫患者却持续被关在精神病院。

从1917年起，医生们就试图用制造抽搐来治愈精神疾病。第一个病例涉及给病

> 脑叶切除术……最近很流行，可能与它使许多病人的监护变得更容易有关。我顺便说一句，杀死他们可以使他们的监护更加容易。
>
> ——诺伯特·维纳，美国哲学家和数学家，1948年

人输血感染疟疾。然后，在1927年，波兰神经生理学家曼弗雷德·萨克发现，通过给病人注射大量的胰岛素，可以治愈其精神疾病。胰岛素是人体产生的一种激素，用来调节血液中的糖含量。过多的胰岛素会降低血糖水平，引发昏迷和抽搐。

从1930年开始，萨克完善了胰岛素休克治疗精神分裂症的方法。1933年，一位名叫拉迪斯洛夫·冯·梅多纳的匈牙利医生发现，通过注射药物五甲烯四氮唑，可以诱发严重的痉挛，从而治疗精神疾病。不幸的是，这种可怕的抽搐是如此严重，他的病人中有近一半人脊柱骨折。1940年，开始通过添加箭毒来改善治疗，以减少抽搐，后来又添加了麻醉剂，使病人在治疗过程中失去意识。

是一种更安全的治疗吗

电休克疗法最初是由意大利医生乌戈·切莱蒂和卢西奥·比尼在1937年发明的，作为一种更安全、更令人愉快的五甲烯四氮唑替代品。他们发明了一种短时间电击脑部的技术，先用在动物身上，然后用在精神分裂症患者身上。他们发现，由于电击还会导致逆行性失忆，患者对治疗没有记忆，所以他们并不害怕。10~20次电击后，隔天再进行一轮，效果惊人。

这一疗法很快在世界各地的精神病医院得到了广泛的应用。但许多人滥用它，用它来征服或控制病人，而不是治疗他们。这种虐待在1962年出版的小说《飞越疯人院》（紧随其后的是1975年获得奥斯卡奖的同名改编电影）中被广泛宣传，之后情况发生了转变。经过投诉和起诉，这种疗法不再受欢迎，很快就被新的药物疗法所取代。自那以后，随着更好的程序和安全措施的实施，该疗法得以恢复。但尽管它很有效，我们却不知道它是如何起作用的。

不停地吃药

使用对脑有影响的药物（通常是植物提取物）和环钻术一样古老。它们被用来产生恍惚状态或狂热崇拜，为了某种程度的麻醉、止痛和治疗精神疾病。从罂粟（鸦片剂）、古柯植物（可卡因）、酒精和烟草中提取的物质只是几千年来存在于我们身边的许多自然产生的能够改变思维的药物的一部分。

罂粟是自史前时期就开始使用的改变脑的药物的来源之一。

药物和谈话占据了上风

如今，药物（作为一种物理疗法）和谈话疗法（作为一种心理疗法）的组合已经取代了大多数精神外科治疗和休克疗法。一个病人可能同时接受谈话疗法，如认知行为疗法（CBT）和药物治疗，前者治疗脑，后者改变脑的物理和化学状态。现代神经科学表明，谈话疗法也可以改变脑的物理和化学状态，或者至少改变脑的神经连接——这在细胞水平上表现为物理和化学状态。

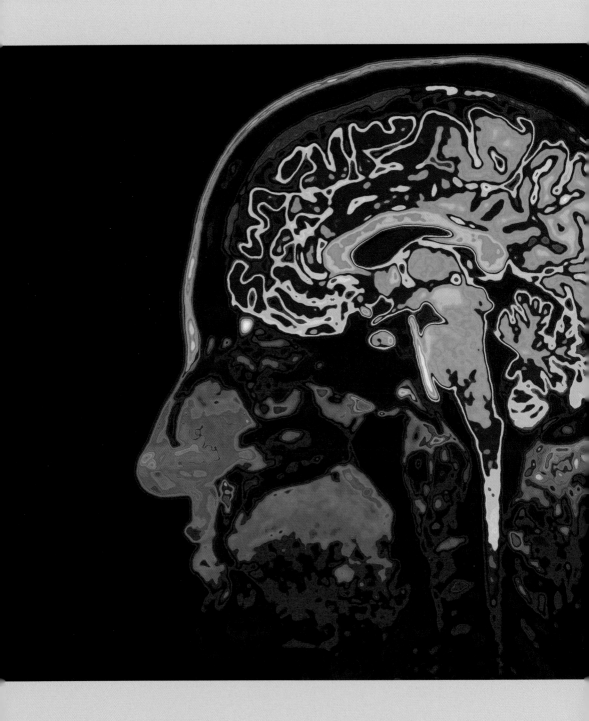

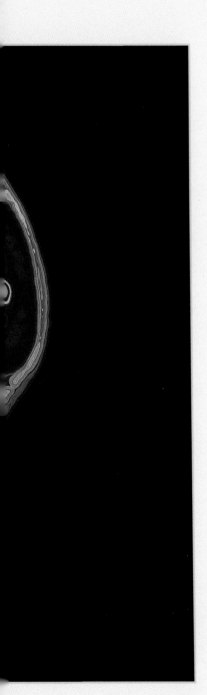

第九章

发生了什么

《圣经》中关于认为读心术与常识相反且我们不能读懂他人思想的规定，将会阻止文明的发展，每个人都会逃避责任。

——托马斯·爱迪生，1885年

直到20世纪，脑功能定位只有两种方式。一种是观察脑受损区域并将其与受损的脑功能相比照，另一种是将脑暴露出来，基本上就是把它戳来戳去——甚至运用切割手段或大块大块进行破坏——然后观察效果。脑成像技术改变了这一切。现在我们可以看到脑内部的工作状态，看到不同的区域因主体的行为或思考而燃烧，还不会造成任何损害。

MRI和其他扫描技术使我们能够观察脑在思考、做梦和控制身体时如何工作。

损坏和界限

想要观察活脑有两个很好的理由：一个是了解更多关于它的工作原理并扩展我们的知识；另一个是针对个别病人，用来诊断问题并提供治疗。

直到19世纪末，通常都是病人死后人们才知道他们的脑出了什么问题。如果医生保留症状的记录，在尸检时可能会将其与发现的任何损伤联系起来——或者可能不会。这种方法产生了一些有用的信息，这些信息是关于脑的哪个部分负责什么功能的，但往往是指活动的一般区域，而不是精确定位。这不足为奇，一种损伤或疾病并不局限于脑功能上分离的区域。同样，仅从症状很难预测病人脑病变的类型或位置。

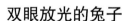
20世纪欧洲制造的头部蜡状解剖模型。

意识到电流与神经传递有关，研究者们就"挥舞"着电极，来到脑前。早在他们尝试用ECT增加电流之前，他们就已经开始监测脑中的电流了。

双眼放光的兔子

理查德·卡顿（1842～1926）是第一个通过记录脑电波活动来测量脑活动的人。他曾在大卫·费瑞厄手下学习医学，并在他的手下开始了研究。费瑞厄发现，对运动皮层部分电刺激会导致狗或兔子移动特定的身体部位；破坏皮层的这些区域会导致相应部位的瘫痪。卡顿决定在动物做出反应或行动时测量其脑中的电流。

把电极固定在兔脑中负责移动眼睑的部位，卡顿发现向兔眼照射强光会使部分脑产生电流。这是一项革命性的发现——第一次证明了脑中自发的电活动。卡顿给他的实验对象（动物）连起电线，让它们走路、吃饭和喝水，同时监测它们的脑活动，以找出哪些部位参与了共同的活动。

另一个重大突破发生在1929年，当时德国精神病学家汉斯·伯杰发表了他关于人脑产生电模式的发现。他用他的新发明——脑电图描记器记录了这些信息。脑电图描记器的发明过程很艰辛。它始于19世纪90年代两个不相关的事件：一个是发生在伯杰身上的事故；另一个是两位精神科医生的工作，他们想要解释灵魂的物理现象。

灵魂的能量

19世纪物理学中最重要和最有影响力的发现之一是能量守恒。有人试图将这一原理应用于不同的领域，包括神经科学。德国神经心理学家西奥多·迈耶特想要建立一种心理生理学的方法，这种方法可以跨越心灵—身体或身体—灵魂的鸿沟，并寻求能量的生理守恒。他指出，当脑的某一部分产生能量，引发思想或行为时，脑的其他部分必须损失等量的能量——否则人类的灵魂将违反物理定律。

迈耶特和他的同事阿尔弗雷德·莱曼提出血液流动和能量流动是相互联系的。通过将血液限制在皮层的一部分，额外的血液（因此是额外的能量）可以供给到其他区域。当脑工作时，脑使用的化学能（基本来源于食物）转化成其他形式的能量。能量包含三种形式：热、电和他们

西奥多·迈耶特试图将物理学应用于脑的能量经济。

称之为"P-能量"的东西——这是一种与不同心理状态相关的精神能量。为了产生一定量的P-能量，必须转换一些其他类型能量的等效量子。

当迈耶特和莱曼在探索精神能量的潜在物理意义时，一个年轻的士兵正在充分利用他自己的精神能量。

命运千钧一发

年轻的汉斯·伯杰去柏林大学受训成为一名天文学家。但是柏林并不适合他，所以他在1892年离开了柏林，参加了一个军事委员会。然后他遇到了一场事故，改变了他的一生。伯杰从马背上被甩到一辆移动的炮车前。幸运的是，车及时停了下来，使他免于死亡。

汉斯·伯杰之所以进入神经科学研究领域，是因为他年轻时体验过心灵感应。

那天晚上，伯杰收到了父亲发来的一封询问他安全的电报。据透露，汉斯的姐姐在事故发生的那一刻感到无比恐惧，她坚持要父亲写信给汉斯，并确认他是否安全。伯杰确信他自己的恐惧一定是通过心灵感应传达给了他的姐姐。当他服兵役的那一年结束时，伯杰回到了大学，但这次是学医。获得资格后，他开始从事精神病学工作。

后来伯杰偶然发现了莱曼和迈耶特的研究。这是他认为可以为他的精神体验提供生理学解释的东西。他开始试图解开脑的秘密，希望能理解精神能量。

血液和大脑

在30年的时间里，伯杰细致地研究了脑代谢能量的供应，以及转化为热能、电能和P-能量或精神现象的过程。白天，他过着一种非常有条理的生活，教授学生，

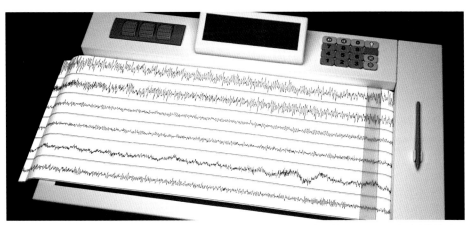

现代脑电图描记器，显示脑活动的模式。

按照严格的规则和惯例管理他的研究环境。但私下里，他研究了可能是最无国界的领域——情感、思想和心理状态的产生。莱曼曾表示，对这一领域的研究结果"完全不可预见"。

伯杰从测量流向脑的血液开始。以前没有人直接做过这项手术，但伯杰已经有了一批忍受过开颅术（切除部分颅骨）的病人。其中一个是一名年轻的工厂工人，他的颅骨上有一个8厘米的洞，他做了两次手术，试图从头部取出一颗子弹。这个年轻人同意成为伯杰的实验对象。

伯杰做了一顶装满水的橡胶帽子，并把它固定在那人颅骨的洞上。他把帽子连接到一个记录压强变化的仪器上。他还测量了该男子手臂的血压。然后伯杰让他遭受不愉快的冲击和愉快的经历，并要求他进行脑力劳动。通过比较手臂血流量和脑血流量的变化，伯杰发现脑血流量随着愉悦感的增加而增加，随着不愉快感的减少而减少，这证实了莱曼和迈耶特提出的一个论点。这是一个有趣的开始，但并没有触及问题的核心。

测量精神能量

伯杰转而测量脑中的电流，理由是如果他能测量脑产生的能量，然后排除转化为电能和热能的能量，他就能得到精神能量的量。

他花了许多年的时间尝试不同的设备和改进他的方法，但却毫无结果，令人沮丧。在此基础上，伯杰开发出了他的第一张脑电图（EEG）。

脑电图终于来了

伯杰的第一次成功是与一个名叫泽德尔的17岁学生在去除肿瘤的手术后留下了一个大洞相关的。伯杰的脑电图是非常基本的，并没有显示后来脑电图会产生的峰值和波浪，但这证明这个概念有效，这促使他继续努力。1929年，他提交了第一篇关于人类脑电图的论文。这时，他已经对正常和受损的脑进行了数百次记录，并很快识别出与脑活动相关的波，以及与皮层代谢活动相关的小波。伯杰所有的工作都是独自完成的，而且是秘密完成的，他从来没有向他最亲密的学术同事透露过他在实验室里做什么。脑电图现在仍然用于诊断癫痫、调查脑肿瘤和退行性脑疾病。它还可以确定是否已经发生脑死亡并监测麻醉，特别是在医学诱导的昏迷期间。

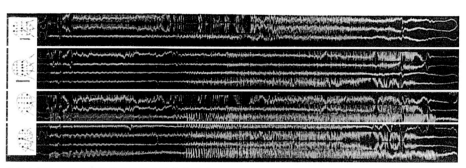

在脑电图上，癫痫发作的症状是突然的电活动。

大约在1935年至1970年间，脑电图彻底改变了神经病学，多年来一直是追踪大脑活动的唯一方法。1895年，德国物理学家威廉·伦琴发现了X射线，X射线也被用来观察脑的静态结构并揭示病变，但它无法显示脑实际上在做什么。然而，脑电图和X射线都意味着我们第一次可以在不打开身体的情况下观察身体内部。尽管脑电图在今天仍然是一个重要的工具，但它已经被一些更复杂的脑成像方法所取代。

脑中的空气

利用X射线进行神经科学研究的第一个突破是在1918年，当时沃尔特·丹迪发明了脑室造影技术。

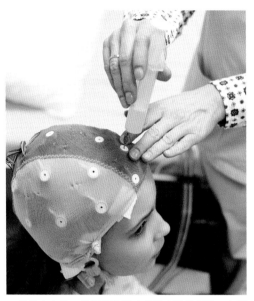

一名护士在给一名年轻的病人做脑电图检查前，在橡胶帽下挤压凝胶。

这包括通过颅骨上的小孔将空气引入脑室。丹迪使用这种技术诊断脑积水（大脑中多余的液体）。由于脑脊液（CSF）和脑组织在X射线下看起来很相似，很难检测到多余的液体，但脑室中的空气却清晰可见。在正常、通畅的脑中，空气会在几个小时内消散，但如果病人脑积水，则需要更长的时间，因为空气（和脑脊液）消散的路径被阻断了。

第二年，丹迪引入了一种叫作气脑造影术的变体。这包括使用腰椎穿刺（插入脊柱的一根针）将脑脊液完全抽干，然后用空气、氧气或氦气代替。尽管这个过程既危险又痛苦，但它使脑的结构更加清晰地显现出来。即使如此，也只能看到一个位于腔边缘的病灶，或大到扭曲了邻近的脑区域。手术的不愉快意味着很少重复追踪病变的进展。幸运的是，在20世纪70年代后期，由于出现了更精确、更安全、更舒适的手术方法，它被淘汰了。

脑就像磁铁一样

电流产生磁场，这也发生在脑中。脑磁图（MEG）通过测量由脑电活动产生的非常微小的磁场模式来研究脑的功能。脑产生的磁场振幅约为城市环境中背景磁

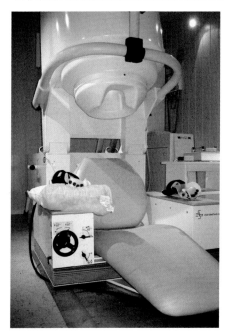

场振幅的百万分之一，只能用非常灵敏的仪器进行测量。MEG在20世纪60年代发明了超导量子干涉器件（SQUID）后才成为可能，并在80年代发展成为有用的标准。大约5万个神经元必须活跃才能产生可测量的区域，目前只能检测到皮层表面的活动。MEG被用于神经学研究，精确定位脑活动的位置，经常与fMRI联合使用。它作为诊断工具的潜力也在探索之中。

用于MEG的仪器可以配合患者的睡眠甚至移动，使其比fMRI更通用。

脑切片

20世纪60年代，计算机的发展使得X射线能够产生脑的详细图像。从早期X射线模糊、朦胧的分辨率中，已经能看到精细、清晰的结构。神经外科医生在打开病人的头颅之前，终于知道该怎么办了。

从水果到脑

突破来自层析X线照相术。这是一种通过固体物体产生像"切片"一样的图像的技术。从这些切片中可以建立一个脑的三维模型。这项技术最初是在20世纪30年代开发出来的，但当时还没有计算机来组合数据并创建合成图像。

1959年，美国神经学家威廉·奥德多夫观察到一台机器正在扫描水果以进行质量控制。它的工作是识别被冻伤的水果的脱水区域。他受到启发，用同样的技术扫描人脑，即通过X射线扫描脑，建立密度图，有效地显示脑切片。奥德多夫制作了一个原型，可以从任何角度生成X射线照片。

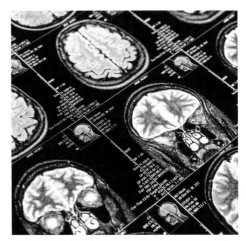

CT扫描可以显示大脑在不同角度的横截面视图。

在1971年第一台操作性计算机辅助断层扫描术（CAT）扫描仪问世之前，人们进行了大量的开发工作，尤其是在数学方面。其由英国电气工程师高弗雷·豪斯费尔德发明，可以通过180个角度进行160次平行读数，每个角度相差1°。扫描花了5分多钟，用2.5小时来处理数据。第一次扫描帮助诊断了一个41岁病人的脑瘤，然后肿瘤被外科医生切除——一个惊人的成功！

自20世纪70年代以来，计算机断层扫描术（CT）扫描仪的速度和分辨率有了很大的提高。现在可以扫描数百个脑切片，每个切片只需几分之一秒，并生成高分辨率的图像，以便进行详细诊断。

CAT扫描和PET扫描

CAT扫描可以显示脑的结构，包括显示病变和肿瘤，但不能显示自身的功能或活动。大约在CAT扫描仪开发的同时，PET（见第七章末）也出现了。贝格尔将血液流动和神经活动联系起来的方法在PET扫描中得到了证实。PET扫描观察的是脑中葡萄糖的代谢，后者由血液携带，作为神经活动的指示物。一种放射性标记的化学物质（通常是葡萄糖）被注入受试者体内或被他们吸入。这种化学物质的半衰期很短，随着每个放射性原子的衰变，它会释放一个正电子和一个中子。当正电子遇到电子时，两者都被破坏，释放出伽马射线。扫描仪中的伽马射线探测器可以检测到这些辐射，并根据它们的浓度生成图像。基于代谢活动与葡萄糖使用相关的假设，PET扫描可以根据标记的葡萄糖浓度显示脑活动模式，标记的葡萄糖聚集在最活跃的区域。

PET扫描还可以与其他有放射性标记的化学物质一起使用，追踪脑中不同神经传递素的浓度。PET扫描揭示了新陈代谢活动和神经传递素的释放，让我们观察脑的活动。通过将PET扫描和CAT扫描结合起来，就有可能在脑的结构图上叠加不同程度的活动，显示在哪里发生了什么。

脑的工作

下一种要发展的脑成像是MRI。其利用磁场取代无线电波产生脑的结构图。由于它既不涉及X射线也不涉及放射性物质，因此对大多数人来说是安全的。

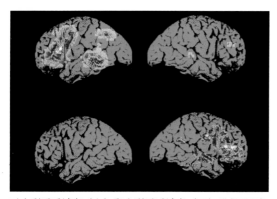

对右利手受试者（上）和左利手受试者（下）进行PET扫描，以完成与文字相关的任务。扫描显示了脑的哪个区域是活跃的，揭示了在这两个受试者中活跃的半球是相反的。

MRI现在最常见的形式是fMRI，它能显示脑活动，当受试者受到刺激或进行活动时，能精确定位脑中"点亮"的区域。它是由日本研究员小川诚二于1990年开发的。fMRI基于这样一个假设，即血流量的增加与神经活动的增加相对应，并利用富氧血和缺氧血磁化的差异来揭示脑或脊柱的活动。

它能在高活度和低活度区域产生明显的（血氧水平相关的）对比。与PET不同的是，fMRI可以在较长时间内监控脑，因此在受试者执行更复杂的任务时也可以使用。PET扫描的时间受到放射性物质半衰期的限制。

从诊断到发现

扫描仪仍在医院广泛使用，它也使对正常和异常脑结构和功能的大量研究成为可能。借助脑成像技术，特别是fMRI，我们可以实时探索脑功能的定位，观察脑活动的发生。

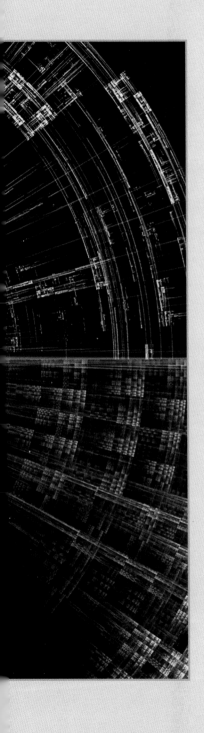

第十章

思维和存在

去思考和成为一个人，是一回事。

——巴门尼德斯，

公元前6世纪末至公元前5世纪初

中枢神经系统的感觉和运动任务是最容易被研究和定位的，但也许它最有趣和最难以捉摸的功能是精神。因为脑的情感和认知方面，将我们定义为人类和个体。

我们大多数人都觉得我们的精神构成了我们的身份而不是我们的身体。

皆由心生

　　研究感觉神经和运动神经的活动虽然不容易，但相对于处理完全在脑内部发生的、身体其他部位没有明显迹象的事情来说，要容易得多。

　　纯智力活动包括思维、记忆、做梦、想象力和创造力。其中一些可以在不需要外部刺激或与外部世界互动的情况下发生。它们是研究中最具挑战性的部分，在脑成像技术发展之前，它们基本上是被隐藏在研究之外的。即使是在脑中而不是在身体的其他地方（或任何地方）发生的想法也很难证明。然而，正是内在生活创造了我们的认同感和独特性。脑活动的这些方面是神经科学最引人入胜和最神秘的挑战之一，它们构成了认知神经科学的材料。

创作艺术品显然是人类独有的，涉及许多认知能力。艺术家创作会利用灵感、想象、记忆、期待、批判性的欣赏和评价。而脑在完成认知工作的同时，还负责处理绘画的感官和运动技能。

认知神经科学

认知神经科学结合了神经科学、哲学、心理学、语言学、人类学和人工智能（AI）等学科。因此，只有一部分与神经科学有关，但有一些基本的交叉点。它涉及诸如记忆、学习、语言习得和处理、意识、知觉和注意力等主题。

20世纪60年代，第一批认知心理学家拒绝采用行为主义心理学方法，这种方法忽略了脑中发生的任何事情，只关注刺激（输入）和结果行为（输出）。相反，认知心理学家的目标是证明感知是有建设性的：它从输入的信息开始，脑在这些信息上加工来创造新的东西，把它转化成有意义的感知和结果的行动（或记忆）。对行为的认知方法依赖于这样一种观点，即每一个输入信息的行为或项目都在脑中以神经活动的模式内在地表现出来。认知心理学家采用了行为学家忽略甚至否认的部分过程——脑中发生的部分，我们看不到的部分——心理活动。

看到一张照片可以唤起对一个场景、一天、一件事或一个人的回忆，重现过去的情感。

陈述性记忆和非陈述性记忆

心理学家和神经科学家将记忆的类型分为两种：陈述性记忆和非陈述性记忆。

陈述性记忆是有意识的，它与我们所学的知识相结合，比如天空是蓝色的，或者超市晚上8点关门。它是特定的，与正确或错误的信息相关。

非陈述性记忆与我们不必有意识地去思考的技能和知识有关，比如骑自行车，或任何条件反射。它也与习惯和敏感有关，通过行为和表现来表达。

通常，用英国哲学家吉尔伯特·赖尔的话来说，陈述性记忆被认为与"知道什么"有关，而非陈述性记忆与"知道如何"有关。

本章不会介绍认知神经科学的所有问题，我们主要关注两个最重要的问题：记忆，它是学习和人格的基础；我们的认同感，它是由人格、意识和自由意志的信念形成的。

三种记忆储存类型

显然，不是我们看到的、听到的、尝过的、闻到的或遇到的所有东西都能被记住。这是一个过滤或选择的过程。心理学家将记忆分为三类：感觉记忆、短期（或工作）记忆和长期记忆。感觉记忆是非常短暂的，只有一两秒钟。如果你从房间的一头看过去，你会发现场景中的所有东西都可以瞬间记忆，但几分钟后你就不记得了。任何有用的东西都会被转移到短期记忆（也称为工作记忆）。所以，如果你在房间的一边看到你认识的人，或者看到烟从门下面渗进来，就会选择保留这些记忆，也许还会进一步处理。

我们可以用短期记忆存储9～10个项目，几分钟后回忆。例如，你可以回忆起一个电话号码或购物清单上的商品，但这些东西通常会在短时间后从记忆中消失。更重要的信息，即我们实际上想要学习的东西，可以转移到长期记忆。据我们所知，这种能力和耐力是无限的。在5岁时学到的东西可以在95岁时回忆起来，我们甚至可以在长寿的一生中不断增加我们的记忆和知识储备。如果我们反复练习（重温并加强记忆），我们就更有可能把东西存储到长期记忆中去。

关于记忆的办法

记忆是一种重要的心理功能。这对学习和社交功能至关重要。有记忆障碍的人通常很难应付日常生活。

在研究记忆时需要考虑两个方面：第一，脑的哪个部分参与了记忆的形成、储存和回忆；第二，在细胞层面上记忆是如何形成、储存和回忆的。第一个是认知神经科学的问题；第二个是分子神经生物学的问题。自20世纪50年代以来，前者取得了相当大的进展，但在理解后者问题上仍有很长的路要走。

从细胞开始

记忆最早的模型是感觉刺激进入脑前部的第一脑巢，在第二脑巢中处理，储存在脑后部的第三脑巢中。将记忆存储划分为三个阶段，对应三个位置，这在现代关于单独记忆存储的心理学理论中得到了呼应。

现代的记忆模型也确定了形成和使用记忆的三个过程：编码、存储和检索。编码覆盖了第一阶段——对脑的感觉输入被解释并产生记忆痕迹。这里有两个子阶段：从感官获取信息和巩固信息。存储是将编码的信息传递到脑中存储信息的部分。检索是在需要的时候回忆。

通过联想学习

记忆是学习的先决条件。学习和理解是在不同的信息或感官输入之间形成联系。

亚里士多德认为，我们在感觉和某些相关事件之间建立了心理联系或"联想"：我们把在时间或空间上看起来很接近的，或相似的，或经常出现在一起的，甚或清晰的对比（如热与冷）的想法联系在一起。联想构成了知识的基础。我们从我们经历过的事物的元素中创造出一种心理构造——因此,事物的外观、气味和味道,比如说,一个橘子,都是一起经历并联系在一起的,给了我们一个橘子的体验和想法。

这个设想在18世纪由大卫·哈特利进一步发展。

他专注于对想法或印象进行分组,以创建代表创意或体验的集合。他试图解释从感觉知觉到理念的过渡,提出感觉感知会产生神经中的振动,这些神经传导到脑,导致脑产生感觉。在感受突然的振动后,哈特利认为振动的回声,即"振子",仍留在脑中;这是思想所

大卫·哈特利认为神经的振动是感觉和思想的起源。

采取的形式。简单的想法可以组合成更复杂的想法。一起经历的感觉相互关联,并在脑中联系在一起,这样一个人就可以在记忆或解释感官输入时唤起另一个。

巴甫洛夫的狗

大约在1903年,俄罗斯生理学家伊万·巴甫洛夫(1849~1936)正在研究狗在闻到或尝到肉时分泌唾液的反射机制。他发现,如果他在给狗喂食前给它们播放一种声音,它们很快就学会了把声音和食物联系在一起,然后即使没有提供任何食物,狗在听到声音后也会流口水。这就是所谓的经典条件反射。

在19世纪早期，英国哲学家詹姆斯·米尔（1773~1836）将联想作为思想所能做的一切事情的基础。他相信联想与牛顿用物理解释自然宇宙的方式相同，是解释心灵的"物理学"。

> 给我十几个健康的、智力健全的婴儿，我保证随机抽取任何一个，在我指定的范围内，我都可以训练他成为我选择的任何类型的专家。无论是医生、律师、艺术家、商人还是军官，是的，甚至是乞丐和小偷，并且不论他的才能、倾向、能力、职业和他的祖先及种族。
>
> ——约翰·B.沃森，1913年

心理学领域

20世纪初期，心理学家开展了大量关于记忆和学习的研究。其中大部分是由行为主义学派进行的，他们认为只有身体行为才容易被检查，而且由于精神状态不能被直接观察到，必须被忽略，甚至可能根本不存在。他们的很多研究都是关于动物的。起点是伊万·巴甫洛夫关于狗的经典条件反射的研究。在巴甫洛夫的影响下，行为主义先驱约翰·B.沃森认为，经典条件反射可以解释人类和动物的所有学习方式，甚至包括语言。所有行为实际上都是编程，这种概念导致了所有结果都可以被操纵的结论。从逻辑上来说，这意味着自由意志不存在，人们可以通过控制他们身上发生的事情以及他们在早期生活中所接触到的东西来塑造或改造他们。这是一个令人不安的发现，但神经科学将重现这一发现。

使其物理化

当哲学家和心理学家研究关于记忆和学习的理论与观点时，神经科学的任务就是试图发现当我们制造和恢复记忆时，神经系统中到底发生了什么。这是一项具有挑战性的任务，而且远未完成。

定位记忆

美国神经心理学家卡尔·拉什利（1890~1958）进行了第一次定位记忆的实验工作。他用老鼠做实验，一个接一个地切除皮层的一部分，并记录实验结果。他在切断皮层的前后分别训练老鼠在迷宫中寻路，然后在脑中寻找迷宫记忆的局部痕迹（称为印迹）。他的搜寻没有成功。他发现，皮层被破坏得越多，老鼠的能力和记忆就越受损。这就是他所谓的质量作用定律。而他在1929年提出了相反的意见，记忆不是储存在一个地方，而是分布在脑的表面。

加拿大心理学家唐纳德·海布（1904~1985）是第一个尝试用微生物学解释拉什利的"质量作用"发现的人。他将他的解释与古老的联想概念联系起来："一般人认为的观点是非常老旧的，任何两个同时重复活跃的细胞或细胞系统都倾向于'关联'，因此一个活动可以促进另一个活动。"

海布发现，一种新的感觉或注意力的转移会激活一组神经元，他称之为"细胞组件"。他举了一个例子，一个孩子听到了脚步声，然后看到了父母的接近。这些脚步声触发了一个细胞组件，形成

印迹

"印迹"一词是由德国动物学家理查德·西蒙在20世纪初创造的。他指的是一种记忆痕迹，这种记忆痕迹在神经细胞中的编码不可磨灭，如果再遇到原始复杂刺激中的一个元素，就可以重新激活——这样我们就可以从单个部分（比如气味或视觉）回忆起一个场景或事件。不幸的是，他的观点出了些问题，因为他相信脑中的这些印迹或变化是可以遗传的，这样记忆单元就可以代代相传。

虽然啮齿类动物作为生物模型在神经科学研究项目中发挥了作用，但往往最后的实验结果注定失败。

了一个感知包。同样的刺激——听到脚步声——会刺激下一个同样的组合。看到母单元会触发子单元程序集。如果母程序在脚步声之后很快出现，两个程序集就可以连接起来，形成他所说的"相位序列"。下一次，当第一个细胞组件被听到脚步声触发时，子单元会预期母单元的到来。

这是对联想和学习的一个清晰的生物学解释。最常见的表达方式是加强神经通路：通过连续放电将两个（或更多）神

> 如果一个系统的输入导致相同的活动模式重复发生，构成该模式的活动元素集合将变得越来越紧密地相互关联。也就是说，每个元素都倾向于打开所有其他元素或关闭不构成模式一部分的元素。换句话说，整个模式将成为"自动关联的"。我们可以把习得的（自动关联的）模式称为印迹。
>
> ——唐纳德·海布，1949年

经元相连，电量越大，它们之间的联系就越强，而且一个神经元的放电很有可能导致另一个神经元的放电。由于参与组件或相位序列的神经元都分布在皮层，皮层的有限损伤不会对记忆造成影响，所以拉什利用老鼠进行的实验会得出那样的结果。

以H.M.为例

1953年，一位名叫亨利·莫莱森（又名H.M.）的病人因难治性癫痫接受了手术。他的外科医生切除了导致癫痫的部分脑，即颞叶内侧。手术后，H.M.的记忆严重受损。1957年，布伦达·米勒报告了他的情况，他之前在切除海马后也有过类似的经历。H.M.不能形成新的记忆或学习新的词汇，也不能记住他一天到晚所做的事情。他无法回忆起手术前两三年内形成的记忆。然而，他没有表现出智力上的损失或认知上的下降。巩固记忆的过程是将记忆从脑的一个部位转移到另一个部位。从他的病例中得出的结论是颞叶内侧对记忆至关重要。他的不幸经历开启了现代认知和神经学对记忆的研究。

事实上，在H.M.的病例中出现了更复杂的情况。尽管他的陈述性记忆严重受损，但他能够形成非陈述性记忆。他可以获得新的运动技能，但不能说他学会

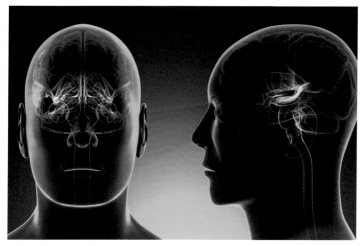

海马在脑深处，位于两侧颞叶内侧。

了——他知道怎么做，但是他不知道他知道怎么做。因此，这表明非陈述性记忆不是在海马中形成的。此外，他可以长时间保持注意力，短时间内保留信息，这表明短期或工作记忆不在颞叶内侧。由于他能回忆起手术很久以前形成的记忆，很明显，长期记忆并不位于被移除的区域。这表明长期储存发生在新皮质。最后，他未受损的智力和知觉功能证明这些也不依赖于颞叶内侧。

H.M.这种情况导致了陈述性记忆和非陈述性记忆在生物学上的区别。很明显，"非陈述性记忆"并不是一种真正意义上的记忆，而是一种涵盖所有不容易被有意识和故意回忆的事物的总称。H.M.丢失的记忆是陈述性记忆。非陈述性记忆包括了我们作为个体所积累的所有习惯和偏好——因此他的性格仍然不变。

H.M.可以记住更遥远的个人记忆——那些在他手术前两三年以前甚至更长时间以前形成的记忆——表明颞叶内侧在记忆中的作用随着时间的推移而减少。对其他病人和动物的研究证实了这一结论。2005年一项针对老鼠的研究发现，在学习后，海马的活动逐渐减少，但皮层的几个区域的活动增加了，这表明处理和储存新学习的负担正在从海马转移到其他地方。

目前的理论认为，一些记忆储存在最初负责接收和处理感觉信息的区域，所以视觉记忆应该储存在负责处理视觉信息的脑区域。心理学家奥利弗·萨克斯在1995年报道的一位画家的经历似乎证实了这一点。一次事故使画家变成色盲，可能是由于脑中负责颜色感知的部分受损，他不仅看不清东西的颜色，而且也无法记住或想象颜色。德国一项使用EEG的研究在2016年报告说，脑的一个区域在编码记忆时被激活，然后同一个区域在稍后检索记忆时又被激活，这表明一些记忆储存在感知最初形成的地方。

对其他具有不同特定形式的失忆症和不同病变的受试者进行的测试显示，某些类别的信息会丢失，这表明信息存储在脑的方式（以及存储的位置）取决于信息的很多方面，如对象是否常用或其特征。

从H.M.开始的50多年研究的结论得出，颞叶内侧，特别是海马和其周围的区域，参与工作记忆中的信息处理和巩固，然后作为陈述性记忆进行长期存储。长期存储分布在新皮质周围，复合记忆的元素被存储（后来被检索到）在最初参与感知的区域。海马需要用数年的时间加强适当位置的记忆——因此H.M.对手术前两三年的记忆存在偏差。

神经通路

正如我们所见，海布认为脑神经元之间的连接对学习和记忆至关重要。拉蒙·卡哈尔还得出结论，在成年脑中，神经细胞已经丧失了分裂和繁殖的能力，因此脑的可塑性在于不断增长的分支，以形成和加强细胞之间的网络。

问题是这在分子和细胞层面上是如何起作用的。如何影响神经元

> 让我们假设反射活动的持久性或重复（或"跟踪"）往往会产生持久的细胞变化，增加其稳定性……当A细胞的轴突足够接近，可以激发B细胞，并反复或持续参与激发时，其中一个或两个细胞都会发生一些生长过程或代谢变化，从而提高B细胞的效率。
>
> ——唐纳德·海布，1949年

这只色彩斑斓的海蛞蝓（海兔）成为神经科学家的研究对象。

的变化？短期记忆和长期记忆，陈述性记忆和非陈述性记忆都涉及相同类型的变化吗？这项研究需要一个生物模型——幸运地被选中的生物是海兔。

蛞蝓和记忆

海兔是海蛞蝓的一种。它具有有一种反射作用，通过撤回它的鳃和虹吸机制，以应对潜在的威胁刺激。作为一种测试生物，它特别有用，因为它有少量大的、容易看到的神经元，个体的行为可以与大约100个神经元的小群联系起来。海兔可以创造一种记忆，人们通过研究神经元来找出改变了的记忆，并定位已经形成的记忆。

在20世纪60～70年代，奥地利出生的神经学家埃里克·坎德尔通过研究海兔，论证了学习不是通过建立神经元之间的新连接来完成的，而是通过强化已有的通路来完成的。这是通过加强神经元之间的突触连接来实现的。坎德尔研究了海兔的三种学习反应：

- 习惯化——动物习惯了刺激，反应减少；
- 戒除习惯——一个新的刺激导致反应再次发生；
- 增敏——动物对刺激变得敏感，因此反应增强（变得更加明显）。

实验过程

当海兔受到敏感刺激（如轻微电击）时，受刺激的感觉神经释放出神经递质血清素，其可以调节感觉神经元和运动神经元之间联系的强度。在动物了解刺激之前，感觉神经元中的动作电位在运动神经元中产生一个小电位。然而，当动物被增敏后，感觉神经元中的动作电位会在运动神经元中产生更大的电位。这增加了每个连接的运动神经元被激活的可能性，从而产生更大的反应（肌肉更大的收缩）。很快，同样的对感觉神经的刺激产生了更大的结果——动物变得敏感了。这是因为感觉神经元和运动神经元之间的联系加强了。

> 研究行为修改的一个先决条件是分析行为背后的接线图。我们确实发现，一旦了解了行为的接线图，对其修改的分析就会大大简化。
>
> ——埃里克·坎德尔，1970年

形成短期记忆需要调节神经元细胞膜上的通道，化学物质会通过这些通道。结果的生化变化是短期的。同样的生化机制也存在于所有的短期记忆中，包括我们自己回忆几分钟前的事情。例如，你将一个电话号码储存在短期记忆中，以便过一段时间后使用，这个过程使用的生化系统和海兔用来"记住"的生化系统是一样的，尽管海兔不是有意识的记忆而是反射。

20世纪70年代，通过研究海兔和其他简单生物的结果显示，非陈述性记忆并不需要脑中任何特殊的神经元或器官，而是储存在与反射通路相同的神经元中。不同类型的学习（记忆）可以存储，学习（记忆）可以沿着路径分布。

长期记忆的探索

长期记忆是一个非常不同的机制。长期记忆包括神经元结构的改变，而不是神经元内产生短期记忆的短暂化学变化。这被称为长时程增强作用（LTP）。

LTP最早于1966年在兔子的海马中被发现。挪威奥斯陆的洛默发现，如果向突触前神经元传递一系列高频刺激，然后是单脉冲刺激，会对其产生剧烈影响。突触后神经元的持续时间比单独输送单脉冲时要长得多。突触后神经元已经通过一系列快速刺激而变得强大。

LTP究竟是如何工作的还不清楚。神经元有能够生长（或失去）一种叫树突棘的过程，这种过程被认为与记忆存储和神经元之间的连接有关。每个树突都有成千上万的刺。坎德尔对海兔的研究结果表明，神经可塑性并不会扩展到建立全新的联系，而是加强或减少神经元之间的现有联系。他发现，基本的神经通路已经就位，而且是遗传的；经验的影响是从基本结构中建造出首选的路径（或者允许路径被侵蚀）。

超级聪明的老鼠

形成树突棘涉及使用蛋白质和改变基因表达。其至少涉及25个基因和相应数量的蛋白质，神经科学家仍在探索这一领域。这一基本机制是1996年中国脑研究员钱卓在普林斯顿大学工作时发现的。钱卓利用基因工程技术培育出了一只转基因老鼠，它拥有额外的N-甲基-D-天门冬氨酸（NMDA）受体，正如所料，这只老鼠比正常老

制造和破坏记忆

2014年，加州大学的研究人员利用老鼠，成功地实现了消除记忆和增强记忆。他们使用了一种光遗传学的技术，将感光基因添加到神经元上，然后通过对神经元发出强光来激活神经元。这个实验第一次证明了长期增强是记忆的基础。研究人员成功地通过增强神经元之间的联系，加强了老鼠的记忆，并通过削弱这种联系消除

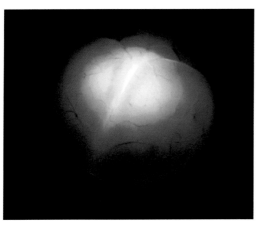

了记忆。他们甚至可以通过再次加强这种联系来恢复记忆。这一策略有一天可能会被用来帮助那些患有创伤后应激障碍（通过移除或减少记忆）或患有记忆障碍（如阿尔茨海默症）的人。

嵌入老鼠脑中的微型发光二极管（LED）给研究人员提供了一种比传统探针更少侵入神经元的方法。

鼠聪明。钱卓之前就发现，限制产生NMDA的基因的表达会导致小鼠变笨。

这只被称为杜吉（Doogie）的超级聪明的老鼠比对照组的老鼠学得更快，记住信息的时间也更久。这是海布理论的第一次分子验证。它也为治疗人类患者的记忆障碍带来了希望。但在2001年，研究人员发现杜吉鼠更容易受到慢性疼痛的影响。任何针对NMDA的记忆损伤治疗都必须考虑到这种脆弱性，任何限制NMDA控制疼痛的尝试都必须考虑到可能与记忆的交互作用。神经科学充满了这样的复杂问题。

回到海马

H.M.的病例表明，海马参与了长期记忆的形成，但不是储存。它在空间推理和导航中也是必不可少的。海马中的"定位细胞"被发现可以帮助老鼠识别位置并知道它们在哪里。这些最早在1971年被发现。当动物被放在一个新的环境中时，它必须在海马中做一个新的"地图"来理解和记住位置。一项涉及伦敦出租车司机的重要研究表明，海马对人类的空间记忆和导航也很重要。

伦敦的出租车司机必须记住城市的每条街道——这是一项艰巨的任务。

"驾驶室后面有个神经元"

2000年的一项研究发现，伦敦出租车司机的海马比对照组成员大。进一步的涉及出租车司机的研究表明，当出租车司机成功地获得了"知识"（伦敦街道的详细记忆）时，海马中后部的灰质体积增大，海马前部的灰质体积减小。与公交司机（每天都处于相似的常规和环境中，遵循预先确定的路线）相比，这种变化与学习和存储复杂的空间信息直接相关。海马是脑中为数不多的在成年后不仅能生长新的神经连接，而且能生长出全新的神经元的区域之一。出租车司机在其他视觉学习和记忆任务上表现不佳，这表明获得专业知识需要付出代价。

研究发现，海马在回忆中也很重要，至少在情景记忆中是如此。当一个人回忆起一件生活事件时，比如一次家庭出游，海马就会把场景的许多方面，包括声音、景象和气味，集中在皮层的不同部位。

我们的经验结合在一起有助于塑造我们的性格。总的来说，快乐的经历和安全感的模式有助于建立一个自信的个人——创伤和不幸会对性格产生负面影响。

你以为你是谁

　　大多数人都有一种自然的感觉，即他们的身份是由他们的精神产生的，虽然它可能位于他们的脑中，但它与脑并不完全相同。神经科学认为情况并非如此，而是脑和精神为一体，我们的个性完全被脑神经元之间的联系所锻造。

　　记忆所做的事情之一就是构建人格。我们所有人都是建立在过去的经验和意识、潜意识的影响，以及我们所学到的和过去行为的后果上。个性决定了我们的选择和行动——然而我们喜欢在我们所做的事情上有自由选择权。性格在多大程度上是由神经生理学决定的是有争议的。除非我们接受影响我们思想和行为的是某种形而上的灵魂，否则我们必须意识到，我们完全是由脑的物质结构和神经连接的模式所决定的，这些模式是通过经验建立起来的，由遗传决定。

　　颅相学家加尔和斯伯兹姆相信人格是由不同器官的大小决定的，这些器官与性格特征或品质有关，比如仁慈或好奇。就在颅相学获得成功的同时，美国铁路上发生的一起事故让人们对脑中与塑造人格有关的部分有了新的认识。

一场爆炸

　　神经病学中最著名的案例之一是美国铁路工人菲尼亚斯·盖奇的案例。盖奇负责捣碎准备爆破岩石以铺设铁路的炸药。1848年，在一次不幸的事故中，一块填塞铁（就像撬棍一样）炸穿他的头部，贯入他的左眼下方，然后从他的颅骨穿过，使他的脑和颅骨的一部分受损。尽管困难重重，他还是活了下来，但也受到了一些不利的影响。除了留下疤痕和失去一只眼睛外，盖奇的精神也发生了变化。他从一个爱交际、乐呵呵的人，变成了他的医生约翰·哈洛所描述的那种"反复无常、叛逆，对他的伙伴们表现得毫不尊重、优柔寡断"的人。虽然1850年哈佛大学外科教授亨利·毕格罗报告称盖奇"身体和思考能力都恢复得很好"，但哈洛在1868年写道，盖奇的个性发生了翻天覆地的变化，他的朋友和熟人都说他"不再是盖奇了"。1860年，盖奇死于一系列癫痫发作。现在很难判断他的性格发生了多大的变化；他当然失去了在铁路上的工作，但他还是做了相当长一段时间的公共马车司机。现代研究人员认为，工作的规律和可预测性有助于盖奇应对。

菲尼亚斯·盖奇在1848年发生可怕事故后所拍摄的照片。

盖奇的事故提供了第一份证据，证明额叶皮质与人格有关。1878年，苏格兰神经学家大卫·费瑞厄在报告他对灵长类动物的研究时，将盖奇作为一个支持案例。费瑞厄发现，额叶皮质的损伤不会影响动物的身体能力，但会对动物的性格和行为产生决定性的影响。

研究人员继续研究盖奇的颅骨。2012年，杰克·范·霍恩在加州大学洛杉矶分校工作，制作了一个通过颅骨的杆状路径的数字模型，该模型表明高达4%的皮质和超过10%的白质已被摧毁。此外，模型还失去了左额叶皮质和额叶皮质（边缘结构）的其他区域之间的联系。在解释盖奇的行为变化时，脑中这些连接的缺失可能比左额叶皮质本身受到的损伤更为重要。

对颅相学的重新审视

在脑成像技术发展之前，除了研究损伤或损伤的影响之外，还不可能以任何方式研究脑结构和人格之间的关系。但是现在，通过EEG和fMRI，我们可以看到当一个人以某种方式做出反应或行动时，脑的哪个部位会受到刺激。例如，研究人员可以向某人展示一个令人痛苦的图像，观察脑的哪个区域立即活跃起来。这些部分可能与情绪困扰有关，也可能与此无关。不幸的是，脑没有被贴上标签，而且同样可能的是，这种活动与一种想要远离刺激的欲望相对应，或者完全是其他的东西。需要大量的测试和大量的交叉引用才能提出一些神经科学家同意的名称，但许多fMRI研究使用的是小样本量。

在20世纪末和21世纪初，大量的fMRI研究声称发现脑中与情感活动（如移情、社交焦虑或性格特征）呈正相关的区域。然而，我们并不确定，更多的脑活动是否意味着更强的倾向或反应。在某些情况下，事实正好相反，专家比新手用更少

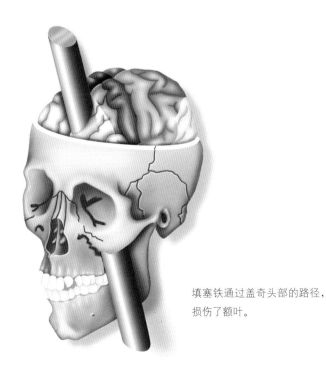

填塞铁通过盖奇头部的路径，损伤了额叶。

的脑力去完成一项任务，而新手需要努力和集中精力。2008年，批评者对许多针对人格、情感和社会认知的fMRI研究的有效性提出了质疑。

你感觉如何

如果要产生有意义的信息，弄明白fMRI扫描显示的区域的意思是至关重要的。2013年在美国匹兹堡进行的一项研究扫描了职业演员排练时模拟一系列情感的脑，然后将所有的图像输入电脑，这样电脑就可以播放这些图像，"学习"与之相关的脑模式。因为参与者是在模拟情绪，为了检验这些模式是否不同，他们将这些模式与这些情绪的真实体验进行了比较。然后，计算机学习系统就能以合理的准确度识别出一个新课题中相同的情绪，这表明某些情绪的脑活动存在可归纳的模式。能够读懂研究对象的情绪，可以避免自我报告的不可靠性。研究表明，脑周围广泛区域与情绪反应有关。

像fMRI这样的扫描技术离能够提供颅相学家所宣称的那种特征分解还有很长的路要走。它揭示了当前的活动，而不是行为或思维模式。我们也许能观察到一个人在某一时刻对某人怀有好感的脑活动模式，却看不出是否有对人友善的倾向。目前，解读个性是超出研究视野的。

做出选择

我们自我意识的基础是相信我们可以控制自己的思想和行为。如果我们承认遗传或环境（先天或后天）对性格发展的影响很大，自由意志的概念就会受到威胁。如果我们考虑到这些有影响的人的神经编码，这似乎尤其正确。如果我们脑中通过DNA和记忆混合而形成的大量神经连接决定了我们的思想和行为，那么我们到底有多少自由呢？一些决策研究已经解决了这个问题。

死鲑鱼能读懂人类的情感吗

可以用软件对fMRI扫描的结果进行解释，软件被允许有一定的公差，以平衡消除"噪声"（无意义的信号）和丢失真实数据。2009年，神经科学研究人员克雷格·贝内特将一条死鲑鱼放入fMRI扫描仪中，然后让它观看人类展示不同情绪的照片，并让它识别这些情绪。扫描仪的原始数据显示出橙色的像素，识别出鲑鱼脑区域的活动，表明它确实在思考或对图片做出反应。贝内特的结论不能说明死鲑鱼能够察觉情绪，它只意味着对fMRI数据的不小心使用可能会产生不可靠的结果。

利贝特实验

1983年，美国神经生理学家本杰明·利贝特进行了一项实验，以确定一个人的脑在做出决定时与他意识到自己做出了决定之间的时间差。实验对象必须随机选择一个时间点，在这个时间点上移动他们的手腕。研究对象被连接上一台测量脑活动的EEG。

该实验利用了电子信号的积累，即在物理动作发生前的准备电位。1965年，利贝特发现，准备电位的变化通常在受试者意识到有移动意向之前的半秒内出现。利贝特的结论是，无意识的决定是在我们意识到这个决定之前做出的——所以我们相

自由意志赋予了我们生活的意义。相反，如果我们认为我们所有的行为都是由我们的生理（或神性）决定的，我们就需要从别处寻找一种目的感、价值感和能动性。

信自己是在做一个有意识的决定，但实际上我们只是在意识到一个已经在无意识中做出的决定。

后来的研究普遍支持这样的发现，即意识在脑活动之后的某个时间（以秒或几分之一秒为单位）出现，这表明某种决定性的行动已经开始。利贝特在2008年进行的修订版实验中，不再需要受试者描述他们何时做出（或注意到）想要移动的意图，也可以直接从脑中读取这些信息。结果是，有时参与者直到开始行动后才意识到这个决定——这意味着注意到这个动作被解释为做出了选择。2011年，美国神经学家伊扎克·弗里德针对追踪单个神经元被激发时的决策水平进行了调查。他发现在神经元被激发和被试者意识到他们的决定之间有两秒钟的延迟。

显而易见的结论——自由意志是一种幻觉，可能仅仅表明我们在日常行为中过于重视意识。这个问题可能是语义问题，也可能是哲学问题。我们所谓的"自由意志"，以及我们如何定义它与意识的关系，可能与实验证据本身一样重要。加拿大哲学家丹尼尔·丹尼特曾说过,这些实验否认的那种自由意志是不值得拥有的。

利贝特指出,有意识的意志仍可能在最后一刻否决这一决定,而被记录为增强选择意识的半秒钟时间,可能只是一个可以放弃的准备阶段。

根据选择行事

从20世纪70年代起,神经科学家就有了研究单个神经元活动的技术。从对猴子的研究开始,爱德华·埃瓦茨和弗农·蒙卡斯尔就能展示感知和决策等认知过程和单个神经元放电模式之间的相关性。从刺激、加工到行为,追踪精确的神经通路已经成为可能。

单神经元技术现在可以应用于人脑。它们在绘制脑活动图、某些神经系统疾病的典型神经通路(如帕金森氏病)以及最引人注目的"脑机接口"(BMIs)

我们能读懂你的想法吗

读心术长期以来一直是科幻小说里的一个热门话题,而fMRI似乎是让读心术成为现实的一种方法。在21世纪的第二个10年里,各种追踪受试者脑神经活动的研究已经能够从脑的听觉信息中重建单词,模拟视觉信号,并通过激活神经元来控制计算机上的物体或元素。fMRI似乎可以提供测谎机制,但目前还没有。在使用技术读取某人的脑之前,有许多伦理需要考虑,但也有明确的临床应用方向,包括无法交流的病人,比如那些处于永久植物人状态的病人。

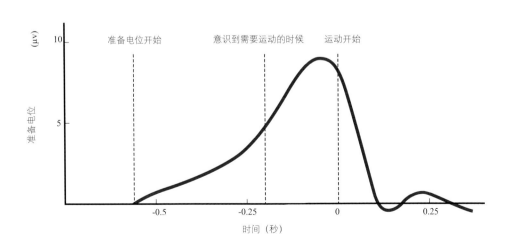

2015年日本的一项研究发现，计算机可以通过脑部扫描预测人们在玩"石头、剪刀、布"之类的游戏时所做出的选择。

中都有应用。这些设备使用连接脑的电极来接收与神经元放电有关的电信号，然后将其传送给计算机。最终，我们的目标是将移动的意图传递给假肢设备，使瘫痪或肢体缺失的患者能够支配或移动假肢。这项技术还不够好，但概念已经就位——脑中做出的选择（无论是否有意识）可以被解释并传递给计算机化的设备来实现。

有人在吗

笛卡尔有句名言："我思，故我在。"他认为"我"的存在是理所当然的，我们可能称之为"意识"。但是意识本身是很难定义的。

1995年，澳大利亚哲学家和认知科学家大卫·查尔默斯定义了他所谓的"意识的难题"。他认为比较容易的意识问题是那些我们可以通过计算或神经机制来解决的问题。这其中，他列举了注意力的集中、睡眠和清醒的区别，以及对行为的有意识控制等。这些意识还没有被完全解释清楚，但是神经科学家和认知科学家有一些接近它们的经验方法。

然而，意识的"硬"问题抵制了这些方法和其他方法。试图给意识下定义时，查尔默斯说："如果有机体表现得像它自身，那么它是有意识的，而且如果精神状态表现得像它自身，那么它也是有意识的。"关于意识的本质，我们陷入了僵局。意识是从脑需要处理的原始材料中产生的经验部分。狗、猫或蠕虫可能会看到我们所看到的东西，但我们怀疑，它们所经历的现象与我们所经历的不一样。即使是个人也可能不会以同样的方式经历同样的现象。

查尔默斯说："这……是意识问题中的关键问题。为什么所有这些信息处理都是在'黑暗中'进行的，没有任何内在感觉？为什么当电磁波形冲击视网膜并被视觉系统识别和分类时，这种识别和分类的感觉就像一种鲜红的感觉？我们知道，当这些功能被执行时，意识体验确实会出现，但它出现的事实本身就是核心的奥秘。有一个解释的缺口……在功能和体验之间，我们需要一个解释性的桥梁来跨越它。"

没有灵魂这种东西吗

意识这个棘手的问题似乎让神经科学发展得慢了一些：其他的一切似乎都容易受到物理主义这样或那样解释的影响，即使它的细节取决于尚未完全解释的事物，但意识不能以这种方式解释。我们又回到了笛卡尔身边，看到了身体和灵魂之间不可逾越的鸿沟，重新塑造21世纪的认知观点。不同的是，我们不一定和笛卡尔一样相信有灵魂存在。

演奏一段复杂的音乐并不需要对每一个音符都具备有意识的意识——一些自由选择的行为并不依赖于持续的有意识的参与。

神经科学并没有解决我们遗留下来的问题：脑所有的认知活动，是否完全是由神经元的活动产生的，或者是否有其他东西——类似于灵魂——与脑的物理和化学活动分离。有些神经科学家相信灵魂存在，而有些神经科学家则不相信灵魂存在。

结论：走向未来

　　神经科学的发展已经对哲学、计算机科学、法律和语言学等各种学科产生了影响，而且这种影响将越来越大。

智能——人工的或其他的

　　目前，人工智能其实非常不智能。一种使用人工神经网络的方法旨在改变这种状况。它试图模拟人脑在学习过程中强化或削弱神经连接的方式。一个人工神经网络有一系列的神经单元，通过接触许多例子或情况来"学习"，并在此过程中形成自己的连接。目前，最先进的人工神经网络只有几百万个神经单元和几百万个连接——这与一条不太聪明的蠕虫的认知潜力差不多。相比之下，人脑大约有860亿个神经元，其中一些神经元，每个都有数千个连接。人工智能还有很长的路要走。讽刺的是，神经科学家使用人工智能系统来识别与特定刺激或反应相对应的神经活动模式。

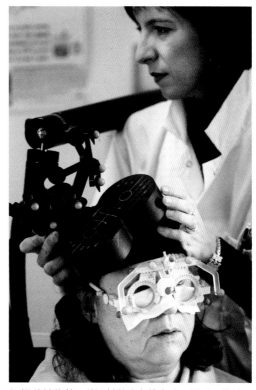

经颅磁刺激利用磁场刺激脑中的电流，最近开始被用于治疗抑郁症和饮食失调。

脑控制的好与坏

正如科学发展的许多领域一样，神经科学在未来几年将给我们带来的威胁和潜在利益并存。例如，测量或利用脑活动可用于帮助残疾人控制周围环境或说话。但是，检查脑活动也可以用来判断某人是否在说谎，解读甚至改变他们的想法。在印度，2008年，在EEG证据表明一名妇女熟悉杀人细节之后，她因谋杀未婚夫而被定罪。知道如何触发感觉，可以在没有相关物理环境的情况下创造愉悦或痛苦的感觉。伦理学家和法律专家需要与神经科学家一起工作。

我们仍然不知道艺术创作的冲动从何而来，也不知道创造力和灵感是如何产生的，以及如何转化为身体运动。

但说真的，你在哪里

神经科学与神经系统的物理和化学行为有关。目前，它还无法解释为什么一个人比另一个人更富有同情心或更有音乐天赋，一个创造性的想法或灵感是如何涌进脑的，为什么我们以这种方式体验事物，或者是什么让我们选择了一种长期的行为方式而不是另一种。就像我们的头脑机体内的幽灵——如果有的话——仍然像以前一样难以捉摸。如果没有的话，那也许比幽灵还要神奇。

"密码回想"

如果你在记住密码方面有困难，你可能会很乐意使用"密码回想"（pass-thoughts）。这种独特的识别脑电波的EEG扫描有朝一日可能会取代其他一些安全检查方法。2013年，加州这一技术的工作准确率超过99%。

一个3磅重的果冻，你怎么能把它放在手掌里去想象天使，思考无限的意义，甚至质疑它在宇宙中的位置？

——V.S.拉马钱德兰，2011年

图片声明

Alamy Stock Photo: 18 (Mary Evans Picture Library) , 100 (Granger Historical Picture Archive) , 124 (t) , 148-149, 190

Bridgeman Images: 47, 122, 168-169

Diomedia: 108 (Natural History Museum, London, UK) , 124 (b)

Getty Images: 7 (UIG) , 15 (Bettmann) , 19 (Science & Society Picture Library/Science Museum Pictorial) , 26, 66, 81, 82, 94-95 (AFP) , 99 (r) , 111 (The Asahi Shimbun) , 165 (UIG) , 177, 180 (Bettmann) , 181, 186 (SSPL/Science Museum) , 188 (ullstein bild) , 202 (UIG) , 215 (UIG)

123RF: 20 (kmiragaya)

Laboratory of Neuroimaging and Martinos Center for Biomedical Imaging, Consortium of the Human Connectome Project: 116

Science & Society Picture Library: 40-41 (Science Museum Pictorial) , 210

Science Photo Library: 2, 44, 99 (l) , 101, 129, 158, 179 (National Library of Medicine) , 194, 214 (Science Source) , 223

Shutterstock: preface1, 1, 4, 10, 16, 28, 30, 42, 62, 63, 67, 72, 103, 107, 110, 112 (b) , 115, 118-119, 127, 128, 131 (b) , 132, 136, 137, 144 (x2) , 146, 150, 152, 153, 155, 156, 159, 163, 183, 184-185, 191, 192, 193, 196-197, 198, 199, 200, 204, 206, 208, 211, 212, 217, 218, 220, 221, 224

Wellcome Library, London: 6, 9 (x2) , 22, 24-25, 32, 34, 36, 37, 38, 48, 49, 50, 52, 53, 54, 55, 56, 57, 58, 61, 70-71, 74, 76, 79, 83, 84, 85, 87, 88, 90, 91, 96, 97, 98, 113, 121, 126, 131 (t) , 134, 135, 139, 142, 160, 161 (t) , 167, 170, 171, 173, 174, 175, 176, 187, 202 (t)

Artwork by David Woodroffe: preface2-3, 12, 112 (t) , 219

译者致谢

在本书的翻译及定稿过程中，蒋青初、徐姵、唐婉琳、莫为丽、陈雯、蒋晓霞、章辉、田婷婷、李强、周润秀在专业知识核对、译稿通读等方面给予了大力支持和帮助，特此表示感谢。特别是蒋青初女士在部分内容的核定及译稿校读过程中，反复推敲，精益求精，提出了诸多宝贵意见和建议，并直接参与了内容的修订、调整，在此特别表示感谢。